LE SÉISME

Ce livre est une œuvre de fiction.
Les propos prêtés aux personnages
sont le fruit de l'imagination de l'auteur.

MICHEL WIEVIORKA
présente
MICHAEL W. SQUIRREL

LE SÉISME

Marine Le Pen présidente

Robert
Laffont

ISBN 978-2-221-19212-2

Avant-propos[1]

Parmi les objets qui, pendant mes séjours en France, ont attiré mon attention, aucun n'a plus vivement frappé mes regards que la montée en puissance de l'extrême droite. J'ai découvert sans peine l'influence prodigieuse qu'elle exerce sur la marche de la société, et j'ai reconnu très tôt qu'elle s'étend fort au-delà de la vie politique et des lois, et qu'elle a marqué de son emprise la société civile avant que d'accéder au gouvernement de villes d'abord, de la nation ensuite.

Une grande révolution autoritaire s'est opérée en France. Tous l'ont vue mais tous ne l'ont pas jugée de la même manière. Les uns l'ont considérée comme une chose nouvelle, oublieux qu'ils étaient du bonapartisme, du boulangisme ou du pétainisme. La prenant pour un accident, ils espéraient pouvoir l'arrêter, alors même que les événements ne cessaient de leur

1. Cet avant-propos reprend le texte de la conférence que j'ai donnée le 15 avril 2018 à l'occasion de la remise du prix que la Tocqueville Society de Chicago m'a décerné pour la version américaine de cet ouvrage.

donner tort. D'autres l'ont jugée irrésistible, parce qu'elle leur semblait au contraire continue, ancienne, et permanente à l'échelle de l'histoire de France, où effectivement elle resurgit périodiquement.

Si, à partir de la fin de la Seconde Guerre mondiale, vous examinez la situation française, vous ne manquerez point d'apercevoir qu'une double mutation s'est opérée dans la société. Dans un premier temps, le pays s'est remis, et repris. Se reconstruisant, il s'est industrialisé, doté de mécanismes de redistribution, mettant fin, douloureusement dans le cas de l'Algérie, à une longue période coloniale. Il a connu alors une forte croissance, le plein-emploi. Il avait confiance dans la science et dans l'idée de progrès, et une expression est venue qualifier cette période, vécue après coup comme un âge d'or : les Trente Glorieuses. Dans un deuxième temps, il a connu une autre métamorphose, une phase de transformation, qui a pour l'essentiel revêtu l'allure de la crise. Le chômage, l'exclusion, la précarité n'ont cessé de s'étendre ; ceux des immigrés qui avaient été appelés il y a peu par l'industrie ont cessé de lui être nécessaires ou utiles, en même temps qu'eux et leurs enfants devenaient français par la grâce du regroupement familial. L'islam a fait son apparition, pour s'asseoir au rang de deuxième religion d'une France jusqu'ici si marquée par le christianisme qu'on parlait d'elle il y a peu encore comme la « fille aînée de l'Église ». Et l'extrême droite, après s'être dégagée de ses errances groupusculaires, est devenue une force incontournable, d'abord pure protestation, puis se rapprochant du pouvoir pour enfin l'exercer.

Où allons-nous ? se demandent les Français. Nul ne saurait le dire.

Le livre entier qu'on va lire a été écrit sous l'impression d'une sorte de terreur religieuse produite dans l'âme de son auteur par la vue de ce mouvement apparemment irrésistible qui marche depuis une quarantaine d'années à travers tous les obstacles, et qu'on voit encore aujourd'hui s'avancer au milieu des ruines qui l'ont produit. Retrouver les chemins de la démocratie et de l'humanisme, ranimer s'il se peut leur croyance constitue pour la France un défi gigantesque. Il faut une pensée politique nouvelle, un personnel politique neuf dont on ne voit guère aujourd'hui la moindre annonce.

Ce qui arrive dans le monde intellectuel français n'est pas moins déplorable. Que pèsent aujourd'hui en France ceux qui pensent, en dehors de ceux qui ont préparé ou accompagné l'arrivée de Marine Le Pen aux affaires, se vautrant tôt ou tard à ses pieds, ou de ceux, parfois les mêmes, qui n'ont eu que les mots de « République » et de « laïcité » à la bouche, sans se préoccuper d'affronter réellement les défis que ces mots ne règlent que sur le mode de la magie ?

Le Front national a renversé finalement tout ce qui se rencontrait sur son passage, ébranlant ce qu'il ne détruisait pas. De là l'étrange confusion dont j'ai été le témoin.

Il y a bientôt deux siècles, le grand Tocqueville, partant de la France de l'Ancien Régime pour comprendre la Révolution, éclairait celle-ci par celui-là, le processus révolutionnaire par l'histoire qui l'avait précédé. Mon ouvrage, d'une certaine façon, propose l'inverse au lecteur. Les événements que vit la France depuis qu'elle a élu Marine Le Pen démocratiquement, certes, résultent d'une longue maturation. Ils ont été préparés en amont par une société, une classe politique, des intellectuels dont les logiques d'action, ou d'inaction, ont rendu possibles et peut-être même incontournables les drames et les difficultés de la suite. J'ai vécu ces événements au jour le jour, j'en ai rendu compte pour le quotidien de Chicago, le *New Morning*, qui m'avait dans un premier temps sollicité pour suivre la campagne de l'élection présidentielle de 2017.

J'ai donc assisté à l'effondrement de François Hollande, président s'obstinant à se porter candidat alors que les sondages d'opinion ne lui laissaient percevoir aucune perspective de victoire. J'avais observé, souvent médusé par tant d'aveuglement politique, la décomposition du parti socialiste, et de la gauche française dans son ensemble. J'avais suivi aussi les vains efforts de la droite pour se mettre en ordre de bataille, et ses guerres internes. Et j'avais vu dans le même temps le Rassemblement Bleu Marine progresser, et les ralliements se multiplier : de souverainistes, de responsables noirs ou musulmans, d'antisémites – mais aussi de Juifs –, d'obsédés de la sortie de l'Europe et de l'euro. Leurs contradictions embarrassent rarement les leaders populistes, et le caractère hétéroclite de ce qu'il faudrait appeler un « Fourre-tout » plutôt qu'un ressemblement n'était pas pour eux un problème, tant la force du ressentiment, de la peur et de diverses haines suffisait à lui apporter son ciment.

Mais qui aurait imaginé réellement la suite avant la fin de l'année 2015 et les élections régionales : l'élection de Marine Le Pen à la présidence de la République, et l'hallucinante succession d'événements qui ont marqué les premiers mois de son installation au pouvoir ? La presse française, je le regrette, m'a beaucoup déçu. Au temps de mes études à la Sorbonne et à Sciences Po, beaucoup autour de moi, professeurs, étudiants, amis, de gauche mais aussi souvent de droite, attendaient chaque jour avec impatience la première livraison du *Monde*, vers quatorze heures, pour le déguster immédiatement et sans la moindre modération : j'observe aujourd'hui que cette attente passionnelle et confiante a disparu.

J'observe aussi la place étonnante qu'ont acquise en quelques années les chaînes de télévision qui diffusent en continu ce qu'elles appellent de l'information, sans le moindre effort pour enquêter et analyser sur le fond, en proposant des nouvelles « brut de décoffrage » agrémentées de commentaires qui n'ont aucune épaisseur et en les répétant en boucle, donnant raison au fondateur des études sur les médias, Marshall McLuhan, quand il expliquait de façon prémonitoire que dans la communication moderne le message est le massage. Les médias et le système politique constituent en France un couple à bien des égards obscène, et qui trouve son ciment dans la communication, la « com », cette anti-information dont et l'omniprésence et la toute-puissance à peine masquée me donnent, je le confesse, la nausée.

Les articles que j'ai envoyés au *New Morning*, à chaud, m'ont valu aux États-Unis de nombreux éloges, y compris le prestigieux prix Pulitzer, et celui qui m'est décerné aujourd'hui, et dont je vous remercie chaleureusement. Ils dévoilent chaque jour davantage la spirale descendante dans laquelle s'est enferrée cette France que j'aime tant. Je les ai écrits sans me livrer aux passions ou à l'émotion, et je n'ai jamais cédé au besoin d'adapter les faits aux idées, au lieu de soumettre les idées aux faits. Le journalisme américain, de ce point de vue, est fort différent de son homologue français. Il s'efforce de rendre compte du réel, sans le confondre avec l'analyse et le commentaire plus ou moins personnels. En écrivant, je n'ai entendu servir ni combattre aucun parti ; j'ai entrepris de voir, non pas autrement, mais plus loin que les partis ; et tandis qu'en France ceux-ci s'occupaient du lendemain, j'ai voulu songer à l'avenir tout en collant au présent.

Ceux qui voudront y regarder de près trouveront dans ces récits d'actualité trois lignes directrices principales, qui ressortent des faits eux-mêmes. La première concerne ce qui me semble être une caractéristique structurelle du pouvoir qu'incarne Marine Le Pen : il est – il était ? – à la fois soucieux de respectabilité et de légitimité démocratique, et irréductiblement, génétiquement peut-on dire, autoritaire et souverainiste. Bien des Français ont cru comprendre, en écoutant Marine Le Pen dans ses premières années de présidente du Front national, qu'elle se préparait à « dédiaboliser » son parti ; d'autres, installés dans de vieilles façons de penser, ne voulaient voir en elle que la simple héritière de son père, la gestionnaire quelque peu modernisée d'un patrimoine idéologique qui aurait été inchangé. La vérité est autre, ou plutôt duale, comme l'ont tôt compris quelques observateurs perspicaces, par exemple Michel Wieviorka[1] : le Front

1. Michel Wieviorka, *Le Front national, entre extrémisme, populisme et démocratie*, Paris, Éditions de la Maison des sciences de l'homme, coll. « Interventions », 2013.

national est sous tension entre une logique de respectabilité démocratique, et des pulsions sulfureuses, fascisantes ; il est l'une et les autres à la fois, structurellement, et les événements que relatent mes articles le donnent souvent à voir.

Une deuxième ligne de force apparaît nettement à la lecture de ce livre : si la France s'est ainsi confiée à un pouvoir autoritaire, suscitant alors des réactions désordonnées et sans lendemain avant de verser dans des tensions dramatiques et par moments dans la violence, c'est d'abord et avant tout du fait de ses élites, qui ont mené le pays à la décomposition de son système politique, et de l'opposition classique entre la gauche et la droite. L'une et l'autre n'ont trop souvent rien trouvé de mieux à faire que de bêler au son d'incantations républicaines de plus en plus artificielles, abstraites, hors sol, lesquelles étaient même parfois astucieusement récupérées par l'extrême droite pour mieux s'en prendre à l'islam et aux migrants. Lorsqu'un système politique devient inopérant, lorsque, décrochée du souci de la vérité et accrochée au pouvoir médiatique et à l'argent, la « com » accompagne sa chute, lorsque les élites intellectuelles sont inaudibles ou déconsidérées, alors l'espace est ouvert pour l'irrationnel, qui prend souvent en France un tour « complotiste », paranoïaque. Les réactions pour essayer d'endiguer la montée des périls, ou pour affronter le mal, sont inorganisées, fragiles, oscillant entre bouffées vaguement émeutières et tentatives sans lendemain de reconstruire une action politique impossible : c'est ce que montrent mes articles, qui donnent aussi à comprendre, et ce n'est pas un paradoxe, comment, arrivée au pouvoir, l'extrême droite avec ses alliés s'est trouvée elle aussi emportée par la crise après avoir été portée par elle

Si vous lisez avec attention ce que je relate, un troisième constat s'imposera à vous : parvenue au pouvoir suprême, Marine Le Pen a voulu, et au moment où je m'exprime devant vous, veut encore intensément appliquer l'accumulation de slogans qu'elle appelle son « programme ». Elle entend donc tenir ses engagements. Elle n'a à aucun moment abdiqué quand soufflaient de puissants vents contraires. Tout au plus, comme le roseau de la fable de Jean de La Fontaine, a-t-elle tenté parfois de faire preuve de quelque souplesse face à l'adversité. Sa pensée est structurée autant sur un mode idéologique que de façon mythique. Elle est orientée par une vision du monde et de la vie collective qui en appelle à la fermeture de la société et à l'homogénéité de la nation – voilà pour l'idéologie. Et elle confond l'imaginaire et le réel, elle croit possible de passer de l'un à l'autre sans transition, de la posture et des déclarations à l'exercice du pouvoir sans discontinuité – voilà pour le mythe.

Ainsi, ceux qui, plus tard, voudront connaître les effets d'un demi-siècle d'impéritie politique et intellectuelle sur une France qui a vécu et vit encore une crise historique auront peut-être quelque chose à gagner à se référer à mon travail. L'événement, me semble-t-il, éclaire ici le fond des choses, l'histoire dans son épaisseur, autant qu'il est produit par elle.

Lundi 8 mai 2017

La France se donne à Marine Le Pen

Marine Le Pen, avec 51,8 % des suffrages exprimés, a été élue présidente de la République française le dimanche 7 mai. Des débuts d'affrontements et de violences ont marqué la soirée. Le fondateur du Front national, Jean-Marie Le Pen, victime d'un grave accident cardiaque, a été hospitalisé à Neuilly.

L'extrême droite est au pouvoir en France. Autre nouveauté, c'est une femme qui l'incarne – du jamais-vu. Comme le laissaient supposer les sondages d'opinion depuis plusieurs jours, la France vient d'entrer dans une nouvelle époque de son histoire. Ce qui relevait de la fiction, comme dans le livre de 2011 de Frédéric Deslauriers *Les Deux Cents Jours de Marine Le Pen*, est devenu réalité.

À vingt heures, dimanche 7 mai, les Français ont en effet eu confirmation de l'information qui circulait déjà massivement sur les réseaux sociaux depuis 18 h 30 : Marine Le Pen est élue avec 51,8 % de voix, devançant assez nettement son adversaire socialiste, François Hollande, qui a reconnu dès 20 h 30 sa défaite. L'ancien président, livide, a prononcé quelques mots dignes et respectables, puis s'est éclipsé, sonné, et apparemment pressé de ne pas avoir à s'exprimer davantage. La noria de camions de déménagement depuis l'après-midi de ce dimanche, dans la cour de l'Élysée indique bien que le pouvoir était au courant du résultat depuis le milieu de la journée.

Une folle soirée a suivi les annonces.

Il y a eu d'abord le discours de Marine Le Pen, rayonnante dans une étonnante robe-sac de couleur bleu marine, les cheveux blonds ramassés sous la forme bon chic, bon genre d'un chignon. S'exprimant depuis son siège de campagne, à Paris, elle a prononcé un discours mesuré qui conjuguait à l'évidence des objectifs contradictoires. Les Français ne savent pas encore si elle veut être leur président, au masculin, ou leur présidente, au féminin, et elle n'a pas tranché : c'est là une des subtilités de leur langue qui rend les deux possibles, le masculin marquant la noblesse de l'institution présidentielle, le féminin constituant une victoire du féminisme – auquel Marine Le Pen n'a jamais semblé particulièrement sensible. C'est en chef de l'État qu'elle s'est exprimée.

« Le changement, c'est maintenant »

Marine Le Pen a d'abord remercié ses électeurs, insistant sur les alliances avec une large partie de la droite classique qui lui ont permis de l'emporter. Elle a promis de représenter toute la France, tous les

Français, « le peuple dans sa totalité » pour assurer le « renouveau dont nous avons tant besoin ». Sans surprise, elle a mis l'accent sur le sérieux de son programme économique, vantant son sens des responsabilités. La situation catastrophique du pays justifie, a-t-elle dit, qu'une commission du bilan se mette rapidement au travail pour prendre la mesure des effets désastreux de la politique suivie « au cours des cinq dernières années ». Cinq années, donc. Et non pas dix, qui auraient alors inclus la présidence de Nicolas Sarkozy. Les commentateurs français ont immédiatement expliqué qu'il y avait là pour elle une façon d'éviter de heurter l'électorat de droite qui lui a apporté ses suffrages. Et que derrière ces propos se profilait la campagne pour les élections législatives du mois prochain, et la nécessité pour Marine Le Pen de ratisser le plus loin possible sur sa gauche, au sein de la droite des Républicains.

La nouvelle présidente a également tenu à se présenter, une fois de plus, comme l'expression d'une nation malmenée par « trente ans d'une construction européenne ravageuse » ; elle a été assez crûment nationaliste, se préparant, a-t-elle dit, à agir rapidement pour mettre fin à la destruction de l'identité nationale française. Étaient visés la « peine de mort, qui nous manque cruellement », l'Europe, « qui n'est pas une solution, mais un problème crucial », l'islam, « trop souvent irrespectueux de nos valeurs nationales, laïques et républicaines », et les immigrés, qui « envahissent la France ». Le moment du redressement est venu, a-t-elle martelé, et le peuple tout entier peut compter sur elle.

Mais de quel peuple s'agit-il ? La ligne économique qu'elle a rappelée veut en même temps séduire les entrepreneurs, qui demandent un État moins interventionniste ; les « exclus, les invisibles, les oubliés, les laissés-pour-compte de la crise économique et du déclin de nos industries » auxquels elle s'est référée, annonçant pour eux des soutiens et une action redistributrice ; les couches moyennes, qui veulent retrouver le chemin d'une mobilité sociale ascendante, pour eux et leurs enfants. Son propos semblait manquer de cohérence, mais les sciences sociales nous ont appris depuis longtemps que le populisme repose sur des discours qui concilient de façon imaginaire, mythique, ce qui n'est pas conciliable dans la réalité. Toujours est-il qu'elle a conclu son discours par une phrase assassine pour son prédécesseur : « Français, Françaises, je vais vous faire une confidence : le changement, c'est maintenant. »

Réactions du peuple français

Marine Le Pen, accompagnée d'une vingtaine de personnalités parmi lesquelles Brigitte Bardot dont la gloire remonte aux Trente Glorieuses, s'est rendue ensuite place de la Concorde, où l'attendait une foule compacte qui l'a accueillie avec ferveur. En même temps, le « peuple de gauche », selon l'expression de Jean-Christophe Cambadélis, le premier secrétaire du parti socialiste, se rassemblait place de la Bastille. D'un côté, la joie, les slogans nationalistes, la tentation vaguement exprimée d'en découdre – avec les adversaires politiques, mais aussi avec les immigrés, les Roms, les musulmans –, de l'autre, une immense tristesse, un accablement, le désir aussi de se trouver ensemble en ce moment de débâcle consommée pour la gauche. Les slogans, place de la Bastille, avaient quelque chose de dérisoire, et même pitoyable en ce jour de victoire pour l'extrême droite : « Marine, t'es fichue, la jeunesse est dans la rue », ou, sur l'air des lampions : « Marine si tu continues, on t'pendra par la peau des fesses… »

Un dispositif policier avait été prévu, abondant, et bien nécessaire, car des deux côtés, certains esprits échauffés voulaient transformer leur rassemblement en base pour une action musclée. Des petits groupes se constituaient, de façon très symétrique, la tension commençait à monter de part et d'autre, la police, interposée entre les deux places, se préparait à intervenir.

Jean-Marie Le Pen hospitalisé dans la soirée

Soudain, une information a circulé à la vitesse de l'éclair, téléphones mobiles et réseaux sociaux aidant, bouleversant la situation : Jean-Marie Le Pen avait été hospitalisé à 20 h 15 à la suite d'un grave malaise cardiaque. Invité par un journaliste à commenter l'élection de sa fille, il s'était contenté d'un « Oui, bien sûr… hélas » – on pense au mot de Sacha Guitry interrogé pour savoir quel était selon lui le plus grand poète français et qui avait répondu : « Victor Hugo… hélas. » Puis il s'était affaissé, à la consternation de ses proches.

La fête à peine commencée était finie, ou gâchée pour Marine Le Pen et son entourage. Elle s'est rendue à vingt-deux heures au chevet de son père, dans un état apparemment critique à l'hôpital américain de Neuilly, demandant à ses partisans de ne pas céder à la « provocation de la gauche défaite ». La place de la Concorde s'est alors vidée, assez rapidement, tandis que celle de la Bastille était le théâtre de discussions et d'échanges passionnés au sein d'une multitude de petits rassemblements politiquement désorientés et où gauchistes, mélenchonistes, écologistes, communistes, socialistes partisans des frondeurs – qui finalement n'ont jamais été au bout de leur fronde –, et hollandais légitimistes se renvoyaient la responsabilité de l'échec. Vers une heure du matin, la place de la Bastille était encore animée, mais commençait à être désertée.

Des phénomènes comparables ont eu lieu la même nuit dans les grandes villes de France, à Lyon, à Marseille, à Lille, à Bordeaux, à Toulouse, avec des forces de police séparant partisans et adversaires de Marine Le Pen, car chaque fois on n'était pas loin d'en venir aux mains.

Violences anti-Arabes et anti-musulmans

Vers minuit, on apprenait aussi que dans d'innombrables endroits, dans toute la France, des voitures arborant le drapeau national français avaient circulé en klaxonnant et en lançant des slogans d'une rare violence vis-à-vis de l'islam et des migrants. Et que dans les départements des Bouches-du-Rhône, du Var et des Alpes-Maritimes, des commandos d'extrême droite, aux leaders pour l'instant non identifiés, s'étaient rendus dans des quartiers populaires pour « apprendre aux Arabes à respecter la France » ou pour « en finir avec l'islamisme et le terrorisme » – concrètement pour faire régner la terreur et la violence parmi les immigrés. Plusieurs mosquées ont été sinistrées, des imams menacés et trois d'entre eux au moins violemment passés à tabac. La direction du Front national, vers trois heures du matin, a dénoncé les « provocations qui émanent de l'extrême gauche libertaire », et en a appelé au plus grand calme. À l'évidence, la violence est pour le nouveau pouvoir une source de préoccupation alors même qu'il s'agit pour lui de transformer l'essai – la victoire de Marine Le Pen – en emportant un grand nombre de sièges lors des élections législatives à venir.

Au petit matin, le calme était revenu, avec à l'extrême droite un mélange de joie et de tristesse teintée de respect pour le fondateur du Front national, ce Moïse qui ne verra peut-être pas le parti qu'il a créé parvenu aux affaires, et qui n'aura pas mis le pied sur cette terre promise dont il n'est pas certain qu'il voulait la connaître. Avec la gueule de bois à gauche. Et avec à droite, pour certains, le sentiment d'avoir perdu son âme pour composer avec le diable.

Jeudi 11 mai 2017

Mardi noir, la Bourse dévisse

Un vent de méfiance et d'inquiétude souffle sur la France. Les cours de la Bourse se sont affaissés avant la suspension des cotations. Les épargnants se ruent vers l'étranger pour y déposer leurs avoirs, les services de douane sont dépassés. Une adolescente s'est suicidée en découvrant sur I-Télé ses parents interpellés dans un train alors qu'ils s'apprêtaient à déposer leur argent en Suisse.

Dès lundi à la première heure, le journal en ligne Mediapart a publié un « best of » des réactions internationales à l'élection de Marine Le Pen. La consternation s'y lit, mêlée à l'inquiétude tous azimuts et les titres de journaux sont éloquents : « La France en route pour la violence » (*Frankfurter Allgemeine Zeitung*), « France, le chaos » (*El País*), « France : le déclin » (*The Guardian*), etc. Certains ne font pas dans la nuance, et les interrogations sont multiples : la France va-t-elle rester un partenaire diplomatique fiable ? Et son économie ne va-t-elle pas connaître une phase de déclin, une chute même peut-être, qui pourrait s'avérer dangereuse pour l'économie mondiale et d'abord pour celle de ses voisins de l'Union européenne ?

Inquiétudes et critiques internationales

Les commentaires les plus sévères sont venus d'Allemagne, où le ministre fédéral des Finances, Wolfgang Schäuble, a rappelé sèchement les règles du jeu européen : la France doit assumer sa signature et honorer ses engagements, « à défaut d'honorer la tradition amicale qui a depuis longtemps caractérisé le couple franco-allemand, c'est-à-dire le moteur de l'Europe » – allusion transparente au fait que Marine Le Pen ne recevra vraisemblablement pas Angela Merkel, et n'ira pas davantage lui rendre visite dans les jours prochains. Le président de la Commission européenne, Jean-Claude Juncker, a évoqué également les règles et les accords européens, il y a ajouté dans un communiqué un message moral : « L'Europe incarne les plus hautes valeurs, ce qui lui a valu le prix Nobel de la paix en 2012, et la France est le pays de la Déclaration des droits de l'homme et du citoyen et de la suppression de la peine de mort. Nous défendrons avec la plus grande détermination le legs de la France à l'Europe et le message de l'Europe au monde entier. » Le ton est nettement plus chaleureux pour la nouvelle présidente à Moscou, à Varsovie et à Budapest, d'où les chefs d'État ont adressé un message de sympathie à Marine Le Pen – ce qui ne veut pas dire que la Hongrie et la Pologne comptent désormais s'aligner sur la Russie.

Les observateurs plus lointains considèrent l'avenir de l'Europe avec pessimisme. La une du *New York Times* est éloquente : « Marine Le Pen, ou la fin du couple franco-allemand », et l'article qui suit envisage « une catastrophe pour la France et un désastre pour l'Europe, où les forces de la fragmentation nationaliste ont le vent en poupe ».

La Bourse s'affaisse. La France déclassée par les agences de notation

En fait, et très vite, c'est d'abord en matière financière et monétaire que les événements ont donné raison aux prévisions les plus sombres.

En effet, la Bourse a rouvert mardi dernier à Paris, après une journée de fermeture « pour raisons techniques ». Et malgré les déclarations lénifiantes du nouveau pouvoir, les cours des actions françaises se sont effondrés. Aucune entreprise n'a trouvé grâce dans cette chute brutale, qui n'a été interrompue, quelques minutes après l'ouverture de la Bourse, qu'en raison d'une suspension exceptionnelle de toutes les cotations décidée « en raison de graves dysfonctionnements des marchés » – la baisse réelle moyenne des valeurs est estimée par les professionnels à environ 20 %. L'euro ne sort pas davantage indemne de l'élection de dimanche dernier, il perd 15 % par rapport au dollar ou à la livre britannique. Et selon des rumeurs persistantes, les agences de notation, qui chiffrent la crédibilité de l'économie des pays qu'elles suivent, se préparent à abaisser la note de la France, marquant ainsi leur inquiétude quant à sa solvabilité et à sa capacité à retrouver le chemin de la croissance. L'agence Moody, par exemple, pourrait annoncer dans les jours prochains que la France appartient désormais au groupe des pays classés « B ». Ce qui veut dire qu'elle est tenue pour risquée du point de vue des emprunts qu'elle pourrait être amenée à effectuer. Elle ne trouvera plus à s'endetter à des conditions aussi favorables que lorsqu'elle était classée « A ».

Les prédateurs se frottent les mains : la France, qui a plus que jamais besoin de liquidités, va être contrainte de leur emprunter à des taux élevés. Ce qui aura pour effet de réduire sa capacité d'investir – la dette va l'enfermer dans la spirale d'emprunts sans cesse plus coûteux.

Les banques françaises désertées au profit de l'étranger

À ces informations et perspectives désastreuses s'en ajoutent d'autres, qui tiennent au comportement de titulaires de grosses ou de moyennes fortunes, mais aussi d'épargnants modestes qui tous n'ont qu'une idée : déposer leurs avoirs à l'étranger. La fuite des capitaux était depuis longtemps un problème en France, réponse bien peu civique ou patriote à une pression fiscale tenue par certains riches pour insupportable. Mais ici, il s'agit d'autre chose. Ceux qui s'empressent depuis quarante-huit heures de gagner la Suisse, Andorre, le Luxembourg ou la Belgique veulent préserver leur patrimoine : ils désertent les banques françaises, où ils craignent qu'il soit dévalorisé. Ils veulent placer leur argent dans des conditions qu'ils jugent sûres, et financièrement plus rentables que dans leur pays, et ne pas courir le risque de le voir se déprécier.

Les douanes françaises avaient reçu pour consigne d'appliquer une grande vigilance aux frontières, et elles ont démultiplié les arrestations de voyageurs se rendant à l'étranger avec des valises pleines d'argent liquide. Des scènes piquantes sont rapportées dans les médias, observées notamment dans les gares et dans les trains se rendant en Suisse, où des contrôles et des fouilles inopinés dans des wagons de première classe ont abouti devant les caméras de M6 à des résultats spectaculaires. Certaines de ces scènes, où l'on a pu voir des individus se faire arrêter avec sur eux des sommes considérables, circulent sur les réseaux sociaux, et on a appris qu'une adolescente de Chalon-sur-Saône s'était suicidée en reconnaissant sur I-Télé ses parents, pourtant « floutés », au moment où ils étaient interpellés – ils lui avaient dit qu'ils partaient quelques jours se reposer au grand air. Une manifestation est annoncée devant le siège parisien de cette chaîne par un nouveau collectif, « Observe the medias », qui à cette occasion dénonce le voyeurisme et en appelle à « une autre information ».

Dans l'ensemble, les douanes ont été débordées par l'afflux massif de personnes qui n'avaient pas eu le savoir-faire ou la prescience de s'y prendre plus tôt, et qui se ruent en voiture, en train, en avion vers l'étranger pour préserver leur patrimoine.

Ce moment de panique financière ne s'est pas arrêté là. Marine Le Pen avait parlé de sortie de l'euro, et même laissé entendre qu'elle mettrait en œuvre un référendum sur l'Europe. Il est peu vraisemblable qu'elle puisse y procéder dans un délai rapide, car une telle décision, dans la mesure où elle serait effectivement prise, ce qui n'a rien d'évident, exige de longues procédures pour être mise en application concrètement : des tractations, en particulier à Bruxelles, des passages en commission au Parlement, des votes, etc. Il n'empêche. Beaucoup anticipent cette décision, aussi irréaliste qu'elle puisse paraître, qui veut dire qu'un nouveau franc remplacera la monnaie européenne. Ils se disent qu'il vaut mieux avoir de l'argent liquide, en euros, et mieux encore en francs suisses ou en dollars, plutôt que de laisser leurs ressources sur des comptes bancaires en France où elles pourraient fort bien être dévalorisées. Les titulaires de comptes en banque ou de comptes postaux, ceux qui ont placé leurs économies sur des livrets de caisse d'épargne se sont rués sur leurs comptes, qu'ils ont vidés quand ils le pouvaient, et des queues spectaculaires se sont formées devant les distributeurs automatiques de billets de banque.

Des incidents mineurs, mais fréquents, ont été signalés, dus avant tout à l'énervement de ceux qui attendent jusqu'à trois voire quatre heures pour pouvoir accéder à leur argent, et qui s'en prennent à des employés de banque débordés. Les autorités ont limité, puis interrompu les retraits, mais trop tard : des milliards d'euros ont été sortis des banques ou des caisses d'épargne, ce qui prive d'autant les circuits économiques et contribue à l'asphyxie de l'économie française.

Un début de désastre économique

Tous les experts sont d'accord : l'affaissement de la Bourse, l'affaiblissement de l'euro, la fuite des capitaux et les retraits massifs des sommes déposées sur les comptes en banque ou dans les caisses d'épargne vont exercer très rapidement des effets dévastateurs. Le chômage, qui s'était presque stabilisé durant les six derniers mois, devrait repartir à la hausse. Des investisseurs étrangers en France ont prévenu qu'ils se retiraient, en particulier des fonds de pension américains, dont les dirigeants ont fait savoir qu'ils trouvent « la situation économique et morale de la France inquiétante », et on ignore ce que sera le comportement des financiers chinois : l'expérience montre qu'ils sont peu sensibles, mais néanmoins pas totalement insensibles à la politique intérieure des pays où ils interviennent. Dans d'autres situations historiques, dans l'Allemagne de la Grande Dépression notamment, la crise économique avait déclenché l'arrivée au pouvoir de l'extrême droite, le fascisme, le nazisme. En France, c'est le schéma inverse qui se profile, l'arrivée de l'extrême droite accentue et accélère la crise économique.

Dans ce contexte, les prix à la consommation sont à la hausse. Les rayons alimentaires des supermarchés sont pris d'assaut – les Français retrouvent des vieux réflexes de guerre, ils achètent en quantité, et pour les stocker, des pâtes, du sucre, de la farine ou du riz. Une enquête publiée dans *Le Parisien* ce matin vient de révéler un étonnant paradoxe : plus de 40 % de ceux qui sortent leur argent des banques sont des électeurs de Marine Le Pen, comme si leur vote n'avait signifié en aucune façon une quelconque confiance dans la capacité du nouveau chef d'État à relancer l'économie. Le reportage qui accompagne ces résultats est étonnant. Sur un marché de Bondy, par exemple, une ménagère, photographiée le cabas à la main, explique au journaliste : « Il fallait en finir avec cette gauche, une bonne fois pour toutes. C'est pour ça que j'ai voté pour Marine Le Pen. Mais elle ne va pas régler tous les problèmes d'un coup, et je pense même que la situation va empirer. » À la sortie d'un hypermarché de Saint-Denis, un couple vient de faire ses courses – vingt kilos de riz et de pâtes, une cinquantaine de paquets de biscuits (« Pour les enfants, il va falloir les tenir »), une trentaine de savonnettes, etc. Âgés d'une quarantaine d'années, ils sont remontés : « Sarko et Hollande nous ont conduits au désastre, et les riches vont s'en sortir. Nous, nous entrons maintenant en résistance. »

Après à peine quarante-huit heures, la France est dans une phase de grande inquiétude et de méfiance accentuée vis-à-vis des institutions, à commencer par celles qui ont la charge de l'argent et de la monnaie. Le nouveau pouvoir se prépare à tenir ses engagements – annonce plus ou moins contournée de la sortie de l'euro, fermeture des frontières – dans un climat délétère, peu propice à des changements dans la politique économique et monétaire, quelle qu'elle soit. Avec l'appui de la Banque de France, qui mardi soir a pris des mesures techniques pour endiguer le début de panique qui a gagné le pays, et avec le soutien d'une fraction du Medef, la principale organisation patronale, soulignant sans légèreté la légitimité du nouveau pouvoir par la bouche d'un de ses dirigeants, Charles Beigbeder, les autorités publiques semblent en mesure, désormais, de mettre fin à la chute de la monnaie et à la fuite des avoirs et de l'argent vers l'étranger.

Ce mardi a été noir en France, et si l'ordre monétaire et financier y était à peu près rétabli en soirée, c'était sur des bases catastrophiques. Les spécialistes, au vu du comportement d'autres Bourses, à Tokyo, Londres et New York, s'attendent à une stabilisation des valeurs françaises dans les jours qui viennent à un niveau qui restera inférieur de 20 à 30 % de ce qu'il était quinze jours plus tôt et ce, jusqu'à la prochaine secousse, qui n'est pas à exclure. Avec Marine Le Pen, la nouvelle ère ne se présente assurément pas comme un long fleuve tranquille.

Dimanche 14 mai 2017

La mort du petit Mohamed et les violences de Toulon

Un enfant d'une famille de confession musulmane meurt à Marseille, piétiné par la foule qui manifestait devant une mosquée.

Pour prendre la mesure d'un événement important, rien ne vaut l'enquête sur le terrain. Marine Le Pen a réalisé parmi ses plus beaux scores dans le Sud-Est, en Provence-Alpes-Côte-d'Azur – PACA –, et la question est ici sur bien des lèvres : la mort du petit Mohamed est-elle liée à l'accession du Front national au pouvoir ? Un reportage dans cette région apporte ici des réponses.

La manifestation tourne à la mort d'un enfant

Les faits d'abord, et en premier lieu à Marseille. Ils sont maintenant établis. Vendredi soir, une foule compacte d'environ deux cents personnes s'était rassemblée dans cette ville, rue de l'Académie, à proximité du quartier populaire de Belsunce, à l'appel d'un « Comité de salut national » tout nouvellement formé pour « rendre la France aux vrais Français ». Elle protestait contre l'envahissement de la chaussée par des pratiquants musulmans ne trouvant pas de place pour prier à l'intérieur de la mosquée Tahara. Il faut savoir qu'en 2011, le ministre de l'Intérieur, Claude Guéant, avait mis fin à ces « prières de rues », en fait bien moins nombreuses que ce qu'en disaient l'extrême droite et les médias. Mais dans le cas présent, l'« occupation », selon l'expression de Marine Le Pen qui avait été poursuivie pour avoir suggéré par ce mot une comparaison avec l'Occupation de la Seconde Guerre mondiale, avait recommencé de plus belle depuis quelques mois, avec l'arrivée d'un imam charismatique attirant une masse considérable de croyants, très supérieure à la capacité d'accueil du lieu de prière. Les manifestants dénonçaient les uns « le meurtre de la République, bafouée par l'occupation de l'espace public », les autres « l'invasion terroriste de barbus agissant en plein jour », d'autres encore soulignaient les nuisances pour le quartier – impossibilité de circuler et de se garer, bruit, tapage nocturne. « Ramadam égale ramdam », nous a dit sur place un vieux monsieur bien mis.

L'arrivée des manifestants à proximité de la mosquée a suscité une gigantesque bousculade, et un début de confrontation avec de jeunes musulmans. Au moment où l'imam tentait de s'interposer, des slogans racistes et islamophobes ont jailli, des croyants se sont retrouvés à terre, les coups sont partis, et un énorme pugilat a éclaté entre les deux groupes. Soudain, une clameur déchirante est partie de l'intérieur même de la mosquée, où s'était réfugiée une foule effarée, et l'information s'est diffusée à la vitesse de l'éclair : un enfant de confession musulmane avait été piétiné. Étouffé, il était mort malgré les efforts de son père puis des pompiers pour le ranimer.

Les manifestants se sont alors retirés, la police est arrivée, et a tenté de reconstituer les faits avec précision. Selon les informations disponibles, le jeune garçon, après avoir été séparé de son père au début de la bousculade, aurait été poussé à terre par la foule, qui l'aurait asphyxié en lui marchant dessus pour progresser vers le lieu de culte proprement dit.

Le décès du petit Mohamed a immédiatement suscité commentaires et analyses. Le secrétariat particulier de Marine Le Pen a déploré l'« incident » et en a appelé au calme. Le parti socialiste a parlé de l'« effet Le Pen ». L'arrivée au pouvoir du Front national aurait-elle libéré les « énergies racistes, islamophobes et xénophobes » ?

Protestations de rues

Des manifestations de protestation sont annoncées pour dimanche prochain à Paris et dans plusieurs villes. Les chaînes télévisées d'information en continu et quelques radios privées d'audience nationale ont traité de l'événement pendant vingt-quatre heures sans dès lors s'intéresser à d'autres aspects de l'actualité. BFM TV a proposé à ses téléspectateurs un reportage sur la cité où habitent les parents du petit Mohamed, suivi d'un « plateau » composé d'experts et d'élus locaux et où il a été beaucoup question d'islam, mais aussi de sécurité.

Parmi eux, le député et avocat maître Gilbert Collard, un habitué de ce type d'antenne, a déployé avec brio ses talents oratoires pour regretter cette mort d'un enfant, puis expliquer les difficultés qu'apporte la pratique de l'islam.

I-Télé a visité la mosquée devant laquelle le drame a eu lieu, et a interrogé plusieurs habitants du quartier, dont quelques immigrés qui en appellent à une « marche blanche ». Un gardien d'immeuble a été interviewé, ainsi qu'une cousine du petit Mohamed, qui s'est exprimée de dos et la voix masquée pour ne pas être reconnue – en dehors de son statut de « cousine », elle n'a de fait apporté aucune information nouvelle. D'autres personnes interrogées, « Français de souche » comme dit une expression vaguement raciste et xénophobe pour désigner les Français de naissance, ont surtout décrit la façon dont leur quartier est « dénaturé et occupé ».

Pour prendre la température de la région, je me suis rendu dans trois villes.

Sur le terrain, à Cavaillon

Cavaillon, capitale mondiale du melon, compte quelque vingt-cinq mille habitants. On y a voté massivement pour Marine Le Pen, qui a obtenu 59 % des voix au second tour de l'élection présidentielle. Les quartiers populaires, à commencer par la cité Docteur-Ayme, qui regroupe 862 logements et environ deux mille cinq cents habitants, soit 10 % de la ville, sont peuplés massivement d'immigrés, souvent de confession musulmane. On y baisse la tête, on ne s'exprime guère, et nos questions restent la plupart du temps sans réponse. Quand ils acceptent de nous parler, les habitants des logements HLM de cette ville, où les transports publics sont inexistants, ne signalent aucun incident. Ils notent surtout que les jeunes se font discrets, ne traînent guère dans les rues. Avenue de Provence, l'imam de la mosquée Attaouba, récemment arrivé à Cavaillon, souligne l'attachement des musulmans à la République, leur respect des valeurs démocratiques, il demande aux jeunes de ne pas « ajouter la violence à la violence, le malheur au malheur ». Dans le centre-ville et dans les quartiers bourgeois, réduits comme peau de chagrin depuis les années 1980 avec l'« invasion des immigrés », on rencontre des « pauvres blancs » qui n'ont pas eu les moyens de déménager, ou qui étaient trop âgés pour en avoir la force, et qui ont voté massivement pour Marine Le Pen. Ils semblent revivre. Quelques-uns exultent : « Les Arabes n'ont qu'à bien se tenir », dit l'un, et un autre laisse éclater sa joie, convaincu qu'il est, de surcroît, que « les Roms ne risquent plus de venir nous voler ».

Le sentiment d'insécurité, si puissant chez eux auparavant, a laissé la place à des désirs de revanche et à des pulsions violentes qui demeurent verbales. Les commentaires vont bon train quand il s'agit de disculper les manifestants de Marseille. Dans les rares parties bourgeoises de la ville, le climat est au soulagement – « la vie ne changera pas, mais ils se tiendront à carreau », dit un cadre moyen, qui travaille à Aix, et qui vomit, tout à la fois, l'islam, les immigrés et les Tsiganes, objets ici d'une haine qui confine à l'obsession. Une femme âgée se prend à rêver, elle parle d'une « reconquête », et d'un nouveau départ pour sa commune, qui jusque-là « crevait de tous ces immigrés ». Elle se dit confiante, désormais, dans la capacité de Cavaillon à attirer les touristes haut de gamme, amoureux des monts du Luberon, ces lieux de vacances qui surplombent la ville et qui jusque-là ne la fréquentent guère.

À Carpentras

À une quarantaine de kilomètres au nord, au pied du mont Ventoux, l'élection de Marine Le Pen avait donné lieu, dimanche dernier, à une explosion de joie dans les quartiers les plus aisés de Carpentras, en périphérie, où l'on a festoyé et beaucoup bu tout au long de la soirée. La mort du petit Mohamed n'a rien changé, elle est tenue pour un épiphénomène, et s'il y a des coupables, « c'est bien la faute de ceux qui occupent indûment l'espace public », et de ceux – entendre : les socialistes complaisants – qui n'ont rien fait pour les en empêcher. La capitale mondiale du berlingot, rendue célèbre bien malgré elle par la profanation de son cimetière juif en 1990, compte près de trente mille habitants, dont quelque 15 % vivent dans des quartiers d'habitat social. Beaucoup aussi vivent en centre-ville. Le taux de chômage est élevé, il avoisine les 20 %, et la ville a depuis longtemps donné de très hauts scores au FN. Marion Maréchal-Le Pen, députée de la troisième circonscription du Vaucluse, y tient sa permanence.

En dehors des immigrés, les habitants, comme à Cavaillon, semblent soulagés, et un peu plus confiants pour leur avenir économique : « Marine va nous sortir de l'euro et de l'Europe. » C'en serait fini de l'insécurité, les immigrés vont désormais se faire discrets, la police « pourra enfin faire son travail », elle ne sera plus retenue par la gauche « qui préférait les immigrés aux Français ».

Violences meurtrières à Toulon

Toulon, dans le Var, compte plus de cent soixante mille habitants. C'est la quinzième ville de France, connue pour sa rade et son port militaire. Ses quartiers populaires du centre, la « basse ville », se sont paupérisés et dégradés depuis une trentaine d'années, tandis qu'en périphérie des quartiers résidentiels plutôt aisés alternent avec des zones peuplées essentiellement d'immigrés – le Jonquet, la Beaume, le Guynemer, l'étrangement nommé « Mon Paradis », ou bien encore la Beaucaire ou Sainte-Musse, classés en zone de sécurité prioritaire il y a cinq ans. Statistiquement, le pourcentage d'étrangers dans la population totale de la ville se situe dans la moyenne nationale.

Toulon avait été en 1995 la plus importante conquête du Front national, qui y a gouverné avec pour maire Jean-Marie Le Chevallier jusqu'en 2001, et une enquête sociologique conduite dans un laboratoire de l'École des hautes études en sciences sociales avait apporté des résultats étonnants : les immigrés ne s'y plaignaient en aucune façon du pouvoir d'extrême droite, qui leur paraissait lointain, et indifférent à leur existence dans leurs quartiers excentrés. L'élection de Marine Le Pen a manifestement changé la donne dans ces quartiers où de plus, en une quinzaine d'années, l'islam a beaucoup progressé pour y être de plus en plus visible, voire spectaculaire – mosquées, femmes voilées, barbus… Vendredi soir, en effet, en même temps qu'à Marseille se déroulaient les événements dramatiques relatés plus haut, des violences inédites ont eu lieu au nord de Toulon.

Une bande d'extrémistes armés de gourdins ou de battes de base-ball s'est rendue dans les quartiers populaires, frappant sauvagement les immigrés qu'elle rencontrait sur son chemin, laissant derrière elle une dizaine de blessés graves, dont un est entre la vie et la mort. À peine connue, l'affaire de Marseille a accéléré les réactions dans les quartiers peuplés d'immigrés : après la stupéfaction causée par les événements et le drame de Marseille, on y prépare la défense, en cas de nouvelle attaque, mais on envisage aussi la contre-attaque. Des armes à feu sont disponibles, c'est clair, dans ce type de quartier où il est facile de s'en procurer. Simplement, leur affectation pourrait changer, il ne s'agit plus de criminalité, mais d'autoprotection. « On nous accuse de terrorisme, explique un jeune, parce qu'on est d'origine maghrébine, et on nous agresse. Il faudra bien se défendre, certains ici sont armés et décidés à ne pas se laisser faire. » Un autre ajoute : « Qu'ils viennent ! »

Pour le nouveau pouvoir, cette montée des violences et des tensions, chez ses partisans comme parmi les immigrés, n'est pas une bonne chose. Dans le contexte de la mort du petit Mohamed, faire preuve d'une certaine compréhension pour leurs auteurs, c'est cautionner les coupables, et perdre en respectabilité. Mais les condamner, c'est les abandonner, alors même qu'ils ne font que mettre en œuvre à leur façon une idéologie qu'ils croient être celle du FN. Le choix le moins coûteux politiquement consiste à l'évidence à prendre ses distances par rapport aux auteurs des violences, tout en dénonçant ceux qui, parmi les migrants ou les musulmans, s'y prépareraient eux aussi. C'est pourquoi le cabinet de la nouvelle présidente a demandé « des enquêtes de police exemplaires », et des « résultats rapides ».

Décidément, entre ces épisodes et les difficultés économiques du moment, Marine Le Pen inaugure son quinquennat dans de bien délicates conditions.

Vendredi 19 mai 2017

Manuel Valls superstar

Manuel Valls rompt avec la tradition, et ne démissionne pas, il le fera « le plus tard possible ». Baroud d'honneur, ou faute politique ? Le pouvoir, qui se dit entravé dans ses projets à court terme, proteste au nom du respect des valeurs démocratiques.

La journée du mercredi 17 mai a été le grand jour de Marine Le Pen, celle du 18, de façon inattendue, aura été celui de Manuel Valls.

La cérémonie d'investiture

Le 17 mai, hier donc, la nouvelle présidente était officiellement investie. La cérémonie a commencé à l'Élysée, dans la salle des fêtes, en présence des corps constitués de l'État. Malgré quelques mouvements de grogne exprimés ces derniers jours, leurs membres étaient finalement venus au grand complet, les plus réticents ayant été convaincus qu'il ne servait à rien d'ajouter une disqualification institutionnelle à la sombre situation que vivait selon eux la République.

Marine Le Pen s'est présentée à onze heures à l'entrée de la cour d'honneur, qu'elle a traversée à pied, avançant sur le tapis rouge jusqu'au perron où l'attendait le président sortant. Ils ont eu un bref tête-à-tête, vraisemblablement à propos de l'arme nucléaire, puis François Hollande est parti en voiture sous les honneurs de la Garde républicaine. Ensuite, l'orchestre de chambre de la Garde a interprété une marche solennelle en même temps que la présidente élue faisait son entrée dans le palais, accompagnée du Premier ministre, Manuel Valls, tout de noir vêtu, comme en deuil, du président du Sénat et de celui de l'Assemblée nationale. Le président du Conseil constitutionnel a donné lecture de la proclamation des résultats de l'élection, Marine Le Pen – dont on a appris à cette occasion le patronyme exact, Marion Anne Perrine Le Pen – a signé le procès-verbal de son investiture et a reçu du grand chancelier de l'ordre de la Légion d'honneur le collier de grand maître de l'ordre. Au même moment, vingt et un coups de canon étaient tirés des Invalides, et la présidente a prononcé un bref discours, au contenu sans surprise. Elle a surtout laissé entendre que des mesures importantes visant l'islam et les immigrés seraient prises rapidement : « Les lois d'exception et les changements constitutionnels mis en œuvre dans la période récente sous l'impulsion de Manuel Valls nous permettent d'agir vite et bien – il faut reconnaître cet immense mérite à l'ancien Premier ministre. »

Dans l'après-midi, *Le Monde* se targuait d'avoir « pu se procurer » la liste des membres du gouvernement qu'allait proposer à la présidente Florian Philippot, choisi pour être son Premier ministre, et la publiait en une – la communication de la nouvelle locataire de l'Élysée avait bien fait son travail.

Le scoop de Paris Match *: Manuel Valls se refuse à remettre sa démission*

Mais dans les heures qui suivaient, cette nouvelle apparaissait comme à côté de la plaque. On apprenait en effet que l'édition de *Paris Match* qui serait mise en vente le lendemain matin comportait une information d'une tout autre qualité, dont le secret avait été bien gardé, un véritable « scoop », et qu'il fallait absolument lire l'entretien donné par Manuel Valls à Élisabeth Chavelet, rédactrice en chef du magazine en charge, précisément, de ses « Grands Entretiens ».

Effectivement. Manuel Valls, fort d'une lecture des textes qui contredit la pratique des précédents Premiers ministres au lendemain d'une élection présidentielle, annonce qu'il a décidé de ne pas démissionner de ses fonctions ! Lui et, dès lors, son gouvernement entendent rester en place jusqu'à ce que les élections législatives, dans trois semaines, l'obligent à se démettre. La Constitution française est explicite, précise-t-il : c'est sur présentation par le Premier ministre de la démission du gouvernement que le président de la République, s'il l'accepte, peut mettre fin à ses fonctions et former un nouveau gouvernement. Et il n'a « aucune raison de faire ce cadeau à la nouvelle présidente ».

Ainsi, Manuel Valls, à la surprise générale, reste Premier ministre !

C'est une étrange cohabitation qu'il impose. Il n'y aura pas pour son gouvernement à soumettre des textes de loi au Parlement, puisque l'Assemblée nationale n'est pas encore élue, ni à exercer un réel pouvoir, sinon pour expédier les affaires courantes. Marine Le Pen est privée pour une vingtaine de jours d'une partie de sa capacité d'initiative, et Manuel Valls peut espérer sortir gagnant politiquement et symboliquement de ce geste de résistance et même de défi.

À Élisabeth Chavelet qui l'interroge de manière incisive sur ce qui va se passer très concrètement, il répond qu'il minimisera les contacts avec l'Élysée, les laissant se réduire aux seules obligations constitutionnelles. Lui et tout son gouvernement ne participeront pas au traditionnel Conseil des ministres du mercredi. En revanche, il compte bien agir, et notamment dans le contexte de la campagne pour les élections législatives. Il ne laissera pas à l'Élysée le contrôle des opérations, ni une emprise forte et directe sur les médias, il se battra « de manière tout à fait légale et républicaine » et il sait « pouvoir compter sur tous ses ministres à commencer, s'il s'agit des élections à venir, par Bernard Cazeneuve, le ministre de l'Intérieur ». Il espère bien redonner quelque confiance à l'électorat de gauche.

Manuel Valls et ses ministres conservent donc pour près d'un mois la maîtrise des forces de l'ordre, armée, police « à qui les consignes que le programme du FN annonçait ne seront donc pas données dans l'immédiat ». La présidente ne pourra pas procéder « dès aujourd'hui à la purge au sein de l'administration dont elle et ses proches peuvent rêver », elle ne pourra pas mettre en œuvre un « *spoil system* qui n'est pas dans les habitudes de notre pays » ni « jeter la suspicion sur une fonction publique dont les vertus républicaines ont toujours été exemplaires ». Il entend bien aussi « retarder le désastre et sauver ce qui peut l'être du chaos économique qui se profile ».

Décision illégale, « coup » politique ou préparation de l'avenir ?

Sa décision est-elle vraiment légale ? Si Marine Le Pen juge qu'elle ne l'est pas, explique-t-il, elle pourra en référer au Conseil constitutionnel, dont il a déjà discrètement approché trois membres pour en solliciter l'avis – il se dit confiant dans le bien-fondé de son action.

Manuel Valls sait bien que les élections législatives à venir seront calamiteuses pour le parti socialiste, et que ses efforts ne serviront, au mieux, qu'à colmater quelques brèches. Mais par son geste, il se positionne en acteur incontournable pour un avenir qu'il ébauche. Il a été d'une fidélité exemplaire vis-à-vis de François Hollande, jusqu'au bout, il s'affirme maintenant en toute indépendance, et il indique à Élisabeth Chavelet qu'il compte préparer une action politique structurée autour d'une nouvelle vision de la gauche. Il mettra en place un groupe de travail qui, autour de lui, réfléchira sur le fond, en se libérant des contingences de l'actualité. À l'évidence, Manuel Valls a oublié ses déclarations de 2016 où il affirmait, à propos du terrorisme, qu'expliquer, c'est déjà un peu excuser, se mettant à dos nombre de penseurs et de scientifiques pour qui, au contraire, l'analyse et l'explication, autrement dit la raison, sont utiles à l'action. Il propose, maintenant qu'il est dans l'opposition, d'écouter ceux dont la vocation est précisément de produire des connaissances. En effet, la réflexion sera menée en relation avec des intellectuels, et notamment des chercheurs en sciences sociales « mais sans confusion des rôles, un acteur politique est un acteur politique, un chercheur est un chercheur ». Elle devrait déboucher d'ici un an sur « une vision claire et nette de la relance politique qu'attend la gauche », et sur des propositions qui pourraient inclure « la naissance d'une formation politique nouvelle, adaptée aux attentes démocratiques de la population, et notamment à la nécessité de faire fonctionner la représentation politique en l'articulant à la démocratie participative et à la démocratie délibérative » – on est loin de la tonalité du même Manuel Valls en 2016.

À l'Élysée, l'entretien de Manuel Valls a suscité en « off » un commentaire bref et assassin : « M. Valls croit pouvoir s'asseoir sur le choix des électeurs, lui et son parti le paieront lors des prochaines législatives. » Au siège du Front national, on s'exprime tout aussi directement : la décision du Premier ministre, « si elle est constitutionnelle – ce qui, dit un communiqué, reste à vérifier –, va faire perdre trois semaines au pays, à un moment où il faudrait pouvoir mobiliser immédiatement les énergies de ceux qui veulent le redresser ». Le tollé de l'extrême droite trouve un écho étourdissant à droite, où on pense aussi que la décision de Manuel Valls est « une grave faute politique, qui sera sanctionnée par les électeurs ».

Une grave faute, ou un baroud d'honneur, un acte de résistance annonçant une phase de reconquête politique ? Les résultats des élections législatives, en juin prochain, apporteront les premiers éléments de réponse.

Jeudi 25 mai 2017

Les comités Bleu-Blanc-Rouge à l'appui du Rassemblement Bleu Marine

Dans toute la France apparaissent des comités BBR pour soutenir Marine Le Pen dans la perspective des prochaines élections législatives. En même temps, les violences anti-musulmanes se démultiplient, sans que l'on puisse affirmer qu'elles sont directement liées à l'existence des comités BBR.

Pour reprendre la main là où des violences ou de simples manifestations incontrôlées peuvent surgir, l'entourage de Marine Le Pen lui a conseillé d'en appeler au calme et au sens de la responsabilité, et de susciter la naissance et l'essor de comités susceptibles de relayer son action sans verser dans le moindre excès. La mobilisation populaire pourra en particulier appuyer l'action politique plus classique, dans la perspective des élections législatives à venir. Celles-ci sont une préoccupation pour la nouvelle présidente des Français, qu'inquiète le risque de ne pas avoir de majorité au Parlement. Une cohabitation ou même des alliances parlementaires conclues en position de faiblesse avec des partis de la droite classique ne doivent pas être écartées.

Les comités BBR se mettent en place

Les comités BBR (Bleu-Blanc-Rouge) ont donc commencé à apparaître, on en dénombre déjà une trentaine, et une centaine d'autres sont annoncés pour la semaine prochaine. Ils tiennent permanence, en dehors des locaux du Front national proprement dits, offrent un accueil à qui veut soutenir « directement » l'action de la présidente, et prennent leurs premières initiatives.

Béziers, la ville de Robert Ménard, qui soutient le Front national depuis maintenant trois ans, a donné le signal du mouvement. Son comité BBR est installé sur les allées Paul-Riquet, en centre-ville, à proximité des Galeries Lafayette, dans un ancien café. Haut lieu de la lutte des viticulteurs en 1907, Béziers compte quelque soixante-douze mille habitants. Aujourd'hui vitrine de l'extrême droite française, sur fond de chômage massif – le taux y est parmi les plus élevés de France –, la municipalité a depuis 2014 doublé les effectifs de sa police municipale, et l'a dotée de pistolets automatiques et d'une brigade canine. Autant dire que cette ville constitue un modèle, une référence nationale.

La présidente du tout jeune comité BBR de Béziers est une élue municipale. Elle a récemment vendu son fonds de commerce, une charcuterie, et elle ne mâche pas ses mots. Interrogée dans le local qui lui sert de permanence, elle propose d'œuvrer pour la mise en pratique immédiate de points du programme du FN pouvant être concrétisés localement : « Pourquoi attendre que Paris veuille bien supprimer l'aide médicale d'État aux immigrés illégaux ? » Elle demande « le renvoi immédiat des migrants que Béziers avait été obligée d'accueillir dans le cadre des mesures imposées par Bruxelles et Merkel à la France et acceptées sans hésitation par les socialistes » lors de la vague consécutive aux violences causées par Daech en Syrie et en Irak – un renvoi « sauf pour les chrétiens ». Elle semble ignorer que Béziers n'a pas accueilli un seul de ces migrants. Le comité veillera à « l'application sans faux-semblants de la priorité nationale » en matière d'emploi dans les entreprises locales, il s'assurera que les logements sociaux de la ville sont réservés aux familles dont au moins un membre est français, etc. Ses propos sont recueillis en présence d'une douzaine de militants BBR, assis bien sagement dans la salle, des hommes et des femmes de tous âges, à l'évidence de milieux modestes, qui l'applaudissent bruyamment à chaque proposition qu'elle émet, sans hésiter à ajouter leur commentaire sur « l'envahissement de notre ville » ou sur « nos valeurs qu'"ils" [les immigrés] piétinent ».

Unité et diversité des comités

Une enquête dont les résultats sont publiés par le journal en ligne Rue 89 fait apparaître une assez grande disparité dans la formation et les orientations des comités BBR, avec en particulier une différence sensible entre les villes du Nord et celles du Sud-Est, comme si, à la limite, il y avait deux Front national. Dans le Nord, les personnes qui se mobilisent sont pour l'essentiel d'un certain âge, et leurs préoccupations sont avant tout sociales. Elles attendent du nouveau pouvoir un soutien économique, la perspective de retrouver un emploi, des mesures de redistribution. La culture socialiste et communiste n'a pas disparu ici, et une partie des électorats qui en procédaient antérieurement ont basculé vers l'abstention, mais aussi et surtout vers l'extrême droite. Les comités BBR, notamment dans la conurbation Lille-Roubaix-Tourcoing, parlent moins identité nationale, islam, immigration, que revenus, travail, accès à une vie décente, ils voudraient que leur mairie distribue des aides.

Par contre dans les villes du Sud, les mêmes comités mettent d'abord en avant la question de l'identité nationale, ils prétendent sauver des valeurs, celles, précisément bien françaises, que détruiraient l'islam ou l'immigration. Il n'est sans doute pas excessif d'imaginer des lignes de clivage au sein même du FN, notamment, mais pas exclusivement, entre le Nord et le Sud, et ces coupures se lisent dans la moindre obsession des « gens du Nord », comme dit une célèbre chanson, vis-à-vis des Maghrébins ou des gens du voyage.

Les comités BBR ne se contentent pas de formuler des demandes ou de rappeler leurs valeurs, ils sont actifs aussi dans l'espace public, qu'ils s'efforcent d'occuper, ils organisent des manifestations. Chaque fois que des rassemblements de protestation sont annoncés, en particulier à l'initiative du tissu associatif local, ils mobilisent eux aussi leurs troupes, pour ne jamais laisser à d'autres le monopole de la présence de la rue. Ils occupent le terrain, avec des résultats significatifs. Ils fonctionnent de façon moderne, avec Internet et les réseaux sociaux. Ils ont aussi une fonction d'incubation, ils sont conçus alors comme une sorte de sas avant l'entrée, pour les militants les plus actifs, dans l'action proprement politique. De ce point de vue, ils sont destinés à contribuer à la formation du tissu de futurs cadres du FN, qui manque cruellement d'un personnel capable d'assumer des responsabilités dans les mairies, les conseils généraux ou régionaux, et de représenter le parti dans des élections législatives.

Les comités BBR et la violence

Il n'y a à première vue aucun lien entre ces comités BBR, apparemment composés de braves gens voulant apporter un prolongement local et non partisan à l'action de la nouvelle présidente, et les groupes pratiquant une violence qui s'exerce en priorité vis-à-vis des immigrés et des musulmans. Une investigation conduite à Toulon par deux journalistes du quotidien régional *Var-Matin* auprès du comité BBR de la ville (qui compte déjà quelque deux cents membres) montre pourtant que les apparences pourraient se révéler trompeuses. Elle fait apparaître une réelle compréhension à l'égard de cette violence, contrairement aux déclarations indignées de quelques leaders de comités BBR qui se plaignent de voir sali leur mouvement par des actes « qui n'ont rien à voir avec nous ». La gauche et l'extrême gauche de Jean-Luc Mélenchon affirment qu'il existe un lien idéologique entre la mobilisation qui se présente comme respectable des comités BBR et les exactions qui se sont multipliées après les événements de Toulon, avec une dizaine d'incidents assez graves (à Nice, dans les banlieues lyonnaises, et en région parisienne). Il est vrai que tout ceci surgit dans le même contexte, qui est celui d'une victoire politique du Front national. L'espace de l'action, à l'extrême droite, est différencié, il n'est pas unifié ou intégré pour former un tout. Mais dans d'autres expériences historiques, une cohérence existe, une continuité qui va du discours et des pensées des uns aux violences actives des autres.

Samedi 27 mai 2017

Le FN n'est pas en mesure d'emporter les prochaines législatives

Les élections de juin prochain verront-elles une majorité « Front national » se constituer à l'Assemblée nationale ? Contrairement aux tendances dominantes depuis de nombreux mois, tous les partis regardent maintenant sur leur gauche, pour essayer de capter un électorat qui résiste à la droitisation systématique de la vie politique. La droite classique semble en mesure d'obtenir de bons résultats.

À l'époque de la cohabitation de Jacques Chirac, président, avec Lionel Jospin, Premier ministre, des modifications sensibles avaient été apportées d'une part à la durée du mandat présidentiel, passant de sept à cinq ans, renouvelable désormais une seule fois, et d'autre part au calendrier électoral. Alors qu'auparavant les élections législatives avaient leur propre rythme, tous les cinq ans, et étaient nécessairement décalées de l'élection présidentielle, voilà qu'elles lui succéderaient désormais. Cette disposition a été pensée sur la base d'une hypothèse qui jusque-là s'est toujours vérifiée : les électeurs sont cohérents, et après avoir porté un candidat à la présidence de la République, ils lui apportent, quelques semaines plus tard, le soutien d'une majorité qui lui sera acquise.

L'appareil du FN déficient, une droite bien implantée

Mais pour la première fois, cette hypothèse risque d'être démentie. Car pour gagner des élections législatives, un parti doit être en mesure de présenter des candidats dans toutes les circonscriptions, et disposer d'un réseau de militants implantés et capables de mener campagne, faire du porte-à-porte, distribuer des tracts sur les marchés, etc. Or l'appareil du FN est encore largement à construire, ses implantations locales sont souvent inexistantes ou inexpérimentées, on le constate avec les comités BBR.

À ces difficultés s'en ajoutent d'autres, plus directement politiques. L'élection de Marine Le Pen ne doit pas masquer, en effet, la résistance de la droite classique, qui se présente avec de bons scores dans les récents sondages d'opinion, contrairement à la gauche, discréditée dans tout le pays après le quinquennat malheureux de François Hollande, et sans véritable leader en dépit du refus spectaculaire de Manuel Valls de remettre sa démission. Les Républicains, malgré quelques départs liés à des ralliements significatifs au mouvement de Marine Le Pen, sont dotés d'équipes et de candidats qui quadrillent tout le territoire national, et, précisément du fait de ces ralliements, peuvent un peu plus facilement prétendre occuper aussi l'espace du centre, en plus de celui de la droite traditionnelle.

Les scénarios les plus réalistes et plusieurs sondages donnent à penser que l'Assemblée nationale qui sortira du vote des 4 et 11 juin prochain sera composée pour près de 40 % de députés de la majorité présidentielle, à peu près autant pour Les Républicains et leurs alliés centristes, 15 % pour le parti socialiste, et 5 % pour ce qui reste de l'écologie politique et du communisme.

Tous les partis lorgnent maintenant sur leur gauche

La campagne a été marquée par plusieurs meetings. Et à examiner attentivement ce qui s'est dit le week-end dernier à Lille (parti socialiste), à Toulouse (Les Républicains), et à Nice (Front national), tout semble fonctionner maintenant à fronts renversés par comparaison avec les orientations de chaque parti à peine quelques semaines plus tôt, au moment de la présidentielle. Disons-le d'un mot : tout le monde regarde sur sa gauche, alors que tout le monde regardait vers sa droite.

Les socialistes en déroute se demandent s'ils ne doivent pas suivre l'exemple du Royaume-Uni où le Labour est dirigé depuis septembre 2015 par Jeremy Corbyn, un leader incarnant une gauche de gauche, vaguement gauchiste même. Le nombre de « hollandais », légitimistes qui dominaient la vie d'un parti ayant perdu une bonne partie de ses adhérents, a fondu comme peau de chagrin, et les « frondeurs » de 2014-2015, les Christian Paul, Benoît Hamon et autres, ont été rejoints par des responsables jusque-là nettement plus positionnés au centre de leur parti. Le centre de gravité, incarné par Martine Aubry, est considérablement éloigné des orientations portées auparavant par Manuel Valls et plus encore par Emmanuel Macron, dont le social-libéralisme s'était révélé plus libéral que social. Le nom de François Hollande, à qui maintenant est imputée la débâcle du PS, a été hué un court instant lors du meeting de Lille, au cours duquel un orateur de la fédération du Nord a déclaré : « Nous lui avons fait confiance, il a échoué, s'enferrant dans une vision magique de l'économie, il risque fort de finir comme Louis XV », allusion à la mort du monarque devenu si impopulaire qu'il avait dû être enterré de nuit et en secret pour ne pas susciter de troubles. Il a fallu tout le doigté du premier secrétaire du PS, Jean-Christophe Cambadélis, pour arrêter net ces attaques, et faire donner la « claque » des « hollandais ».

La droite classique, sous l'impulsion de Nicolas Sarkozy, président du parti Les Républicains, avait lorgné du côté des électeurs et des idées du Front national, la voici maintenant s'attachant avant tout à séduire un électorat centriste, et même du centre gauche, puisque pouvant inclure ceux qui, il y a peu, se réclamaient d'Emmanuel Macron ou de Manuel Valls. Elle vient de gagner un soutien de poids avec François Bayrou, tout à ses calculs visant à le positionner au centre de l'échiquier politique français : « Il y a l'extrême droite de Marine Le Pen d'un côté, ce qui reste du socialisme, tendant au gauchisme, de l'autre côté. Pour ma part, je me situe comme toujours au centre » – un centre qu'il commence maintenant à théoriser comme étant actuellement l'apanage de la droite traditionnelle.

Les logiques contradictoires et les ambiguïtés du FN

La tâche de Marine Le Pen est bien compliquée. D'un côté, comme tout le monde, elle regarde sur sa gauche, et veut capter un électorat de droite, et pas seulement de la droite dure, celle qui chassait encore sur ses terres deux ou trois mois plus tôt. C'est pourquoi elle tient un discours ambigu sur l'Europe et sur l'euro, ne disant plus explicitement qu'elle fera un référendum pour en sortir, mais ne disant pas non plus vraiment le contraire. Elle précise qu'il ne s'agit pas de quitter sauvagement l'une et l'autre, elle parle d'exercer une pression et de mettre en avant des revendications qui, si elles ne sont pas satisfaites, justifieront par la suite un référendum pour une décision de retrait. « Il ne faudrait pas, a-t-elle déclaré, que les Français soient pénalisés par une sortie non négociée, non préparée, de l'Europe. Mais il ne faudrait pas non plus que l'Europe continue de nous affaiblir et de nous priver de notre souveraineté. »

D'un autre côté, elle a été élue en adoptant une posture radicale sur l'Europe qui la confortera dans sa légitimité. Elle a besoin de cette partie majeure de son électorat qui attend d'elle des gestes de rupture, et à qui elle a fait des promesses surtout dans le domaine culturel et religieux, s'en prenant à l'islam et aux immigrés illégaux, « qui portent atteinte à l'identité nationale et aux valeurs de la France ». Pour gérer la tension qui l'a accompagnée, sinon portée aux plus hautes fonctions, il lui faut marcher sur la corde raide. Elle se présente comme sérieuse et raisonnable en matière économique et à propos de l'Europe, tout en restant sulfureuse sur les registres habituels de ses diatribes nationalistes. Elle fait aussi très attention à démultiplier les signes d'ouverture en direction de secteurs particuliers de l'électorat – les Juifs, les enfants de harkis, certains migrants quand ils votent et sont intégrés socialement.

Les comités BBR tentent d'incarner sur le terrain cette double logique, telle est leur mission, qui leur a été rappelée par Florian Philippot lors de leur première rencontre nationale, à Fréjus, le 21 mai dernier. Mais dans leur conscience, il est clair qu'ils penchent nettement du côté de la rupture plus ou moins sulfureuse.

Jeudi 15 juin 2017

Une majorité de droite « dure » à l'Assemblée nationale

Le FN ne parvient pas à contrôler l'Assemblée nationale à lui seul. Mais il a réussi à constituer une majorité en ralliant Debout la France, le parti de Nicolas Dupont-Aignan, et une partie de la droite classique, qui crée une nouvelle formation, République-Nation.

Annoncés dimanche dernier le visage fermé par Bernard Cazeneuve, encore pour quelques heures ministre de l'Intérieur, les scores des différents partis aux élections législatives ne constituent une surprise que pour ceux qui voulaient croire à un sursaut socialiste après le refus de Manuel Valls, un mois plus tôt, de remettre sa démission.

Quelle majorité à l'Assemblée nationale ?

Le calendrier électoral français a été conçu il y a douze ans pour permettre au pouvoir exécutif de s'adosser à une majorité cohérente, en phase avec ses orientations.

Les résultats de dimanche dernier ont semblé dans un premier temps mettre à mal cette conception, et ce n'est qu'à l'issue d'un début de semaine particulièrement agité qu'on en est arrivé véritablement à adapter les données de la situation à l'esprit du calendrier électoral.

Au second tour des législatives, en effet, il est apparu que le Front national était loin d'obtenir à lui seul la majorité à l'Assemblée nationale. Avec 35 % des sièges, il réalisait un score historique, certes, mais insuffisant pour pouvoir gouverner seul. Les Républicains, avec 37 %, confirmaient la remontée d'une droite qui ne pouvait pas elle non plus prétendre gouverner seule. Le parti socialiste pour sa part, avec tout juste 15 %, poursuivait sa descente au fond de l'enfer électoral, suscitant l'ironie de Nicolas Sarkozy qui a comparé sa trajectoire à celle du parti communiste dans les années 1980 – « Nous aurons bientôt, a-t-il déclaré, purgé la France de ce fléau socialiste qui a conduit notre pays au bord du gouffre. »

Dès lors, plusieurs scénarios pouvaient être envisagés par le FN. Dans le premier, celui-ci laissait le soin à la droite de former un gouvernement, puisqu'elle est parvenue en tête à l'issue du scrutin, à charge pour celle-ci de construire des majorités au cas par cas, sur chaque vote. Ce scénario d'une cohabitation instable était à peine plus réaliste que celui qui aurait consisté, pour le FN, à tenter de gouverner seul, en espérant pouvoir réaliser des alliances conjoncturelles sur les votes importants, ou en comptant en permanence sur l'opposition entre la droite classique et la gauche pour lui permettre, en quelque sorte, de louvoyer entre ses deux adversaires, eux-mêmes peu disposés à s'entendre.

Point positif pour le parti de Marine Le Pen : très tôt, au lendemain des élections, Nicolas Dupont-Aignan annonçait que son parti, Debout la France, avec une douzaine de députés élus sous sa bannière, gouvernerait avec le FN, de façon à en finir avec les politiques « qui ont avili la République et affaibli la nation », a dit l'intellectuel et vice-président du parti, Dominique Jamet.

Autre hypothèse : gouverner avec la droite traditionnelle tout entière, ou partiellement. Dans cette perspective, une négociation délicate devait être envisagée, et d'après nos informations, elle a été initiée très tôt par quelques-uns de ses dirigeants, et discrètement.

Alain Juppé et François Fillon : l'échec

Il faut dire que le FN n'était pas seul à être à la manœuvre. Si le parti socialiste, réduit comme peau de chagrin, n'avait rien à tenter, en revanche Les Républicains pouvaient eux aussi envisager plusieurs scénarios. Mais pouvaient-ils agir dans l'unité ? Dès mardi matin, il était clair que cela serait difficile. L'initiative d'Alain Juppé et François Fillon, maintenant unis, s'efforçant d'arrimer la droite au centre, mais aussi de débaucher quelques élus du centre gauche de façon à constituer une majorité, allait s'avérer délicate. Il fallait convaincre des parlementaires au départ très différents, leur démontrer qu'une nouvelle force pouvait rassembler des élus se démarquant tous du FN et de ses positions. Juppé et Fillon avaient l'intention non seulement de rallier à leur projet Les Républicains, mais aussi l'Union des démocrates et des indépendants (UDI), ce qui ne posait aucun problème, le petit groupe de parlementaires rassemblé autour de lui par François Bayrou, à peine plus difficile à convaincre, et une quinzaine de députés socialistes relevant du « social-libéralisme », à commencer par Emmanuel Macron, l'ancien ministre de l'Économie. Un centre très large était ainsi envisagé, capable de se constituer en majorité, et de reléguer le FN dans l'opposition. Sur Europe 1, Dany Cohn-Bendit s'est montré favorable à cette formule. Celle-ci débouchait elle aussi sur une cohabitation avec la présidente ; mais une cohabitation stable, du moins aussi longtemps que ce spectre allant du centre gauche jusqu'à la droite classique restait uni, ce que devaient permettre en particulier un attachement commun à l'Europe et à l'euro, la référence à une société ouverte, en opposition à la société fermée du FN, et celle à une nation tolérante, acceptant la diversité, et refusant de verser dans les rêveries homogénéisantes du Front national.

Cassure à droite

Mais cette idée a fait long feu, tout simplement parce que Les Républicains se sont brusquement cassés en deux. Hier soir, en effet, on apprenait que sous l'impulsion d'un trio particulièrement actif, composé de Nadine Morano, Gérard Longuet et Thierry Mariani, un groupe d'une quarantaine de députés incluant également Laurent Wauquiez avait décidé de quitter leur parti pour en fonder un autre, République-Nation, aux orientations sinon relativement proches de celles du FN, du moins compatibles avec elles. Cette scission préfigurait une alliance électorale qui a été annoncée aujourd'hui à midi, après qu'un impressionnant ballet de limousines avec chauffeur a pu être observé dès la première heure ce matin au siège du FN. Une coalition Front national, Debout la France et République-Nation constituera la majorité parlementaire, et cela se traduira dans la constitution du gouvernement, qui devra tenir compte des rapports de force entre ces trois composantes.

Ainsi, le processus de déstructuration du système politique qui a abouti à l'arrivée de Marine Le Pen à la tête de l'État français ne s'est pas arrêté là. La France est aujourd'hui composée de trois blocs de taille inégale. Le plus important est constitué par l'extrême droite et les éléments les plus durs de la droite, une droite de droite si l'on préfère. Le second bloc rassemble la droite modérée et le centre droit. Enfin, le troisième bloc, très minoritaire, pas même moitié moins nombreux que le précédent, est composé des restes du parti socialiste, des Verts et de la gauche de la gauche. Une vision pessimiste de ce paysage considère que la principale opposition politique est désormais entre la droite modérée et la droite extrême, tant la gauche est décomposée et affaiblie ; une approche à peine moins sombre imagine qu'en étant rejetée dans l'opposition la gauche peut espérer se reconstruire, mais qu'alors le système politique risque de ne pouvoir se recomposer que sur la base d'une division entre trois forces principales, et non sur celle d'un conflit droite-gauche – ce qui signifie une grande instabilité et des difficultés constantes à former une majorité cohérente et durable.

Le FN se sort plutôt bien de ces élections législatives, mais il lui a fallu accepter des alliances qui lui rendront délicates des positions trop raides, en matière économique et face à l'Europe notamment.

Les commentateurs à vue courte se contentent d'exégèses sur cette situation, rares sont ceux qui osent envisager l'avenir politique de la France à moyen ou long terme. Pourtant, de grandes questions se posent : quelle sera la politique économique du gouvernement, sera-t-il capable de redresser le pays, de lui permettre de renouer avec la croissance, de relancer l'emploi ? Finalement, a demandé le politologue Gérard Grunberg lors d'une conférence à la Fondation Jean-Jaurès, inventerons-nous un jour deux grandes forces politiques clairement opposées, une gauche incarnant la société ouverte, l'État juste et redistributeur et la nation tolérante face à une droite parlant d'abord d'ordre et de réalisme économique ?

En fait, une question est dans toutes les conversations : quel est le jeu de Nicolas Sarkozy dans la déstructuration de son propre parti, en a-t-il été simple spectateur, y a-t-il contribué ? L'ancien président n'a fait aucun commentaire en public, mais il est clair qu'il n'est pas resté inactif.

C'est en fait la recomposition du système politique qui est en jeu, la présence de Marine Le Pen à la présidence de la République étant venue surtout en concrétiser la décomposition.

Vendredi 16 juin 2017

Florian Philippot Premier ministre

La composition du gouvernement est à l'image de la majorité qui vient d'être constituée, avec six ministres pour République-Nation. Le Premier ministre, Florian Philippot, a mené rondement les consultations. Nicolas Dupont-Aignan est à la Défense, Gérard Longuet aux Affaires étrangères, Henri Guaino à l'Économie et aux Finances, Marion Maréchal-Le Pen à la Culture, l'avocat Gilbert Collard à la Justice, Robert Ménard à l'Intérieur.

Le ballet des visites à l'Élysée a été incessant ces deux derniers jours. Les unes ont été visibles, et même ostentatoires, les autres sont restées discrètes, et même secrètes, comme celle de Nicolas Sarkozy vers vingt-trois heures avant-hier soir qu'a révélée le journal en ligne Mediapart, sans indication sur son contenu Était en jeu dans cette agitation la formation du gouvernement, dont il était clair pour tous les observateurs qu'il serait placé sous la conduite de Florian Philippot.

Debout la France et République-Nation bien servis

Les alliances scellées la semaine passée avaient préparé le terrain, et comportaient à l'évidence un certain nombre de postes ministériels. C'est pourquoi le porte-parole du gouvernement a pu dès ce matin en annoncer la composition.

Le premier servi a été Nicolas Dupont-Aignan, à qui est confiée la responsabilité du ministère de la Défense nationale. Après les attentats terroristes de cet hiver, et compte tenu des engagements militaires de la France en Afrique et au Moyen-Orient, il lui faudra manœuvrer avec souplesse, tant il est vraisemblable que les alliances vont changer, notamment s'il s'agit de la Russie.

Le nouveau parti République-Nation obtient six postes. Gérard Longuet, qui en avait fait connaître son désir dans un entretien particulièrement complaisant publié par le quotidien *Le Monde*, est nommé ministre des Affaires étrangères ; sa première tâche, comme il l'a déjà expliqué, sera d'établir « un nouveau mode de relations avec la Russie, ce grand pays souvent mal compris des Français ». Thierry Mariani est nommé ministre de la Ville, du Logement et des Territoires, une appellation nouvelle qui marque l'intention du pouvoir de ne pas dissocier la question urbaine de celle des espaces périurbains et ruraux, où il compte une bonne partie de sa base électorale, comme l'ont montré les travaux du politologue Pascal Perrineau et du démographe Hervé Le Bras. Nadine Morano, dont les propos de 2015 sur la race blanche et la France avaient séduit une partie de l'électorat du FN, est en charge de la Jeunesse et des Sports, et Éric Ciotti, jusque-là tenu pour le « monsieur Sécurité » des Républicains est secrétaire d'État aux Finances, un poste clé – encore faut-il préciser qu'il est placé de fait sous la houlette d'un ministre de l'Économie et des Finances qui n'est autre qu'Henri Guaino.

Celui qui fut un des derniers commissaires au Plan avant la liquidation de cette institution ayant fait la grandeur de la France au temps des Trente Glorieuses – le Plan est « une ardente obligation » avait dit le général de Gaulle –, celui, surtout, qui fut la « plume » et un des proches conseillers du président Sarkozy est maintenant ministre de Marine Le Pen. Rien n'a filtré des conversations secrètes entre les deux présidents, l'ancien et la nouvelle, mais tout laisse à penser que la nomination d'Henri Guaino ne leur est pas étrangère. De même, Brice Hortefeux, lui aussi un proche de Nicolas Sarkozy, est nommé ministre des Affaires sociales et de la Santé, « un poste, a précisé le porte-parole du gouvernement, où il pourra donner toute sa mesure d'ancien ministre de l'Intérieur ». Enfin, Laurent Wauquiez est ministre de la Mémoire historique et des Anciens Combattants – il aura notamment à revaloriser la place de l'histoire de France, « malmenée, a dit le porte-parole du gouvernement, par les tenants de l'histoire globale qui ne jurent que par le mondialisme, et par ceux qui ont voulu minimiser ou nier les bienfaits de la colonisation ».

Des postes clés pour le FN et ses proches

Marine Le Pen a évidemment veillé aussi à ce que son parti puisse occuper des postes clés au sein du gouvernement. Marion Maréchal-Le Pen est nommée ministre de la Culture et de l'Identité nationale, son budget sera « supérieur à ce qu'il était avec la gauche », à charge pour elle de promouvoir « tout ce qui fait, a fait et fera la grandeur de la nation » – il lui faudra certainement composer avec Laurent Wauquiez pour certaines de ses missions.

Bruno Gollnisch est ministre des Affaires européennes, ce qui constitue un double message. D'une part, celles-ci sont considérées comme un enjeu important, et faute de sortir de l'euro, du moins rapidement, le gouvernement exercera de fortes pressions sur Bruxelles ; et d'autre part, celui qui est chargé du dossier appartient à la tendance la plus dure du FN, il a toujours affirmé sa fidélité à Jean-Marie Le Pen, et ne fera aucune concession aux tenants d'une politique relativement souple avec les institutions européennes.

À la Justice, ce qui était attendu, on trouve l'avocat Gilbert Collard, qui dans la mandature précédente avait été avec Marion Maréchal-Le Pen un des deux députés du FN. Il a déjà donné le ton de ce que sera son action comme garde des Sceaux, déclarant, lors d'une émission sur Europe 1, qu'il fera « à peu près le contraire de ce qu'a fait ou, plus souvent encore, fait semblant de faire Christiane Taubira », se promettant de revenir sur certains aspects des lois relatives au mariage pour tous et, bien évidemment, d'obtenir la mise en œuvre d'une loi sur la détention à perpétuité pour les crimes les plus graves. Il a également annoncé qu'il confie une mission sur les questions de détention « à un grand criminologue », Xavier Raufer, un ami d'Alain Bauer, qui lui-même a conseillé dans le passé Nicolas Sarkozy, puis Manuel Valls, notamment sur des enjeux de sécurité – selon une indiscrétion du *Canard enchaîné*, Bauer, sollicité lui aussi pour corédiger ce rapport, aurait décliné l'invitation.

L'Éducation sera confiée à Éric Zemmour. Il avait été question de lui attribuer également l'Enseignement supérieur, mais l'hypothèse a été rejetée lorsque Henri Guaino a rappelé au Premier ministre que le polémiste avait échoué au concours d'entrée à l'ENA – « Un signe de santé intellectuelle et morale », a ironisé Zemmour, très décontracté, lors de l'émission « On n'est pas couché » où la question lui était posée, et où il a tenu à faire valoir le fait qu'il avait été membre du jury au concours d'entrée de la prestigieuse école en 2006. Toujours est-il que l'Enseignement supérieur et la Recherche vont à Gaëtan Dussausaye, jusque-là l'animateur du FNJ.

Le ministère de l'Intérieur, de l'Immigration et de la Laïcité va à Robert Ménard, le maire de Béziers, qui, sans être encarté au FN, en est depuis longtemps un compagnon de route, et qui saura mettre en place une politique particulièrement ferme à l'encontre des immigrés et des musulmans.

Louis Aliot avait déclaré à plusieurs reprises que si Marine Le Pen, sa compagne, était élue, il arrêterait la politique pour se contenter d'être le « premier homme » : il a apparemment changé d'avis, puisqu'il a accepté d'être nommé porte-parole du gouvernement, chargé des relations avec le Parlement. Sa nomination est un clin d'œil au monde juif de France, car il a rappelé à plusieurs reprises que son grand-père maternel était juif. Elle est aussi sécurisante pour Marine Le Pen, dont la presse « people » rappelle à l'envi qu'il est son compagnon – il en a été aussi l'assistant parlementaire, bien rémunéré, quand elle était députée européenne, ce qui leur a valu à tous deux diverses interrogations et critiques, car Bruxelles interdit aux députés européens de salarier leur conjoint ou leur « partenaire stable non matrimonial ».

Dans les jours qui viennent, la composition du gouvernement sera précisée, et en particulier des secrétaires d'État seront nommés – parmi les noms qui circulent, ceux qui reviennent avec le plus d'insistance sont ceux de Jacques Bompard, le maire d'Orange, de Dominique Jamet de Debout la France, de David Rachline, sénateur FN du Var, et de Steeve Briois, maire FN d'Hénin-Beaumont. Mais on y voit déjà clair : Marine Le Pen et Florian Philippot respectent parfaitement les accords électoraux passés avec République-Nation et Debout la France.

Mercredi 21 juin 2017

Remue-ménage au sommet de l'administration

Des mesures de reconduction aux frontières et d'expulsion suscitent l'indignation, et la plupart des préfets y résistent. Une vive agitation règne dans les universités, l'inquiétude monte au sein des populations issues de l'immigration.

À l'issue du premier Conseil des ministres, les préfets ont reçu leur feuille de route, et le gouvernement leur demande en priorité de procéder à la reconduite aux frontières de tous les étrangers en situation irrégulière, illégaux, clandestins. Ceux qui ne pourront pas être immédiatement expulsés, faute par exemple de connaître le pays où ils doivent retourner, seront placés dans des centres de rétention en attendant que leur situation se décante. Il en sera également ainsi pour ceux qui ont des liens familiaux avec des Français, conjointe par exemple, ou dont les enfants sont de citoyenneté française. Les éventuels recours devant les tribunaux ne devront pas entraver cette politique, qui devra être appliquée « avec célérité et la plus extrême rigueur ».

Les préfets font de la résistance

À peine connue, cette décision a suscité d'importantes protestations, en France et à l'étranger. Elle a été jugée « inacceptable » par la Commission européenne à Bruxelles, où l'on étudie les possibilités y compris juridiques de la faire rapporter ; mais plusieurs chefs de gouvernement, à commencer par Viktor Orbán pour la Hongrie et Andrzej Duda pour la Pologne, ont fait savoir leur compréhension et leur soutien à la politique française. Tout ce que la France compte d'associations humanitaires ou de défense des droits de l'homme est sur le pied de guerre, un meeting est programmé pour mardi soir prochain au Palais de la Mutualité, haut lieu des manifestations de ce type depuis les années 1930 – les organisateurs rappellent qu'à cette occasion la grande salle comptera à nouveau, ce soir-là, 1789 sièges, comme par le passé.

Les préfets en place ont été nommés à l'époque de François Hollande. Chargés d'appliquer les directives gouvernementales, ils n'ont pas encore été changés, et la plupart sont très embarrassés. Représentants de l'État, ils doivent obéir, sans broncher. Mais peuvent-ils mettre en œuvre des décisions qui heurtent à ce point leurs valeurs morales ? Une pétition circule, lancée par d'anciens élèves de l'ENA, pour demander l'annulation de la décision, et pour soutenir ceux qui refuseront de l'appliquer. Le gouvernement a indiqué se préparer à relever de leurs fonctions ceux qui « ne rempliraient pas leur mission républicaine, en contravention avec le choix démocratique des électeurs ».

Agitations, inquiétudes et mobilisations nationales

Dans les universités, une vive agitation règne, des assemblées se démultiplient, où des étudiants et des enseignants débattent des actions à mener, et d'abord au sein même de leurs établissements. Mais cette agitation n'est pas homogène, car le nouveau cours de la politique a également ses soutiens dans le monde universitaire, il y a même ses places fortes, en particulier dans certaines facultés de droit. Et ces soutiens ne sont pas inactifs, ils se mobilisent, organisant eux aussi des assemblées. À Paris, des incidents sont signalés, des bagarres ont opposé partisans et adversaires de Marine Le Pen et de sa politique, notamment au centre Paris 2-Assas – celui-là même où Marine Le Pen a obtenu son DEA en 1991 et où Marion Maréchal-Le Pen a fait des études qu'elle a interrompues au moment où elle est devenue députée du Vaucluse en 2012.

Dans les quartiers populaires à forte population d'immigrés, le climat est à l'inquiétude. On s'attend à d'imminentes descentes de police. Un sondage pour le quotidien *Le Parisien* montre aussi que parmi les Français de naissance qui habitent ces quartiers, environ 35 % se disent contents du cours actuel de la politique, 30 % inquiets, le reste indifférent ou sans opinion.

Plus surprenant, peut-être : pour ceux qui sont « issus de l'immigration » et qui sont dans la légalité, éventuellement même citoyens français, le sondage donne des résultats relativement élevés en faveur de la décision annoncée par le gouvernement, 33 % s'y disent favorables. Il est clair que parmi les immigrés qui s'intègrent et trouvent leur place dans la société française, un pourcentage important est susceptible de soutenir l'action du nouveau pouvoir. Encore faut-il qu'il leur soit permis de s'intégrer pleinement, voire de s'assimiler, un chemin sur lequel les obstacles sont considérables : racisme, discriminations, islamophobie notamment.

Dans plusieurs villes, dans toute la partie ouest de la France, en région parisienne et autour de Lyon, des comités de soutien aux migrants apparaissent. Le Réseau Éducation sans frontières, né en 2004 et qui dans le passé a toujours mené des actions de soutien, en particulier pour les jeunes scolarisés sans papiers, mineurs et majeurs, se prépare à tenter d'empêcher les expulsions de familles avec enfants scolarisés « par tous les moyens pacifiques ». Au sein de l'Église catholique, des voix se font entendre également, et une vingtaine d'évêques viennent de s'adresser collectivement au pape François pour qu'il demande au gouvernement français de revenir sur sa décision. Leur lettre a été rendue publique : « Très Saint-Père, écrivent-ils, nous éprouvons peine et regrets devant les mesures qui frappent en France des personnes et des familles dont les seuls torts sont d'être issues de l'immigration et de vivre dans des quartiers populaires. Fidèles à votre engagement pour la justice, nous nous associons aux paroles fortes que vous avez constamment prodiguées en ce sens, et nous vous demandons votre bénédiction pour nous, les prêtres, les diacres et les fidèles, ainsi que pour ceux que vise le nouveau cours, injuste, de la politique en France. » Les Églises protestantes sont également mobilisées. Le CRIF (Conseil représentatif des institutions juives de France) par contre reste silencieux, malgré les demandes formulées en son sein par de rares associations parmi celles qui le composent, et notamment par le Centre Medem-Arbeter Ring, héritier du Bund, le mouvement socialiste juif, si puissant en Pologne dans l'entre-deux-guerres.

Les comités BBR apparus au lendemain de l'élection de Marine Le Pen se réjouissent de cette annonce, démultiplient les réunions d'explication et d'information, et diffusent sur leurs réseaux mais aussi par tracts, sur la voie publique, dans les marchés, un document proposant des chiffres – il y aurait selon eux quatre millions de clandestins et d'illégaux, dont beaucoup « prennent l'emploi des Français », et au sein desquels « le terrorisme islamique recrute ses tueurs ». Il s'est formé à ce jour plus d'une centaine de ces comités.

Une « grande loi » sur la priorité nationale

Dans ce contexte, Marine Le Pen a demandé au gouvernement de faire un pas en avant, et de préparer « une grande loi sur la République, la laïcité et l'identité nationale ». Il s'agit de mettre en œuvre la priorité nationale dans les principaux domaines de la vie collective, l'emploi, le logement, l'éducation, en distinguant « les Français de fraîche date » dont l'identité nationale pourra être remise en cause « dans l'esprit, a dit la présidente, des mesures législatives et constitutionnelles prises par le pouvoir de gauche en 2016 – c'est peut-être le seul point positif à mettre à l'actif de François Hollande et de Manuel Valls ». Il s'agit aussi de réserver aux seuls nationaux l'accès aux allocations familiales et aux aides sociales et médicales. Les employeurs qui contreviendraient à cette loi seront poursuivis systématiquement. Pour mieux lutter contre le « racisme anti-français, qui est aussi souvent, il faut avoir la lucidité de le reconnaître, un racisme anti-Blancs », les manifestations de soutien aux clandestins seront interdites. La loi devrait inclure des mesures concernant la police, avec notamment pour elle l'application du principe de « présomption de légitime défense », elle devrait marquer « le retour à un État fort ». C'est pourquoi un grand ménage est annoncé dans les haute et moyenne administrations. Il y aura révocation immédiate et sans appel des fonctionnaires refusant d'appliquer la politique d'un « gouvernement légitime et attendu depuis si longtemps par les Français », et, croit savoir *Le Canard enchaîné*, les listes de ceux qui seront amenés à les remplacer sont en préparation. L'enjeu : faire passer la France « de la lutte contre le sentiment d'insécurité, à la lutte contre l'insécurité ». Il s'agit de « redonner fierté et confiance à la nation ».

Samedi 1er juillet 2017

Marine Le Pen s'y prend mal à Bruxelles

Par la brutalité de son propos et ses manières peu diplomatiques, Marine Le Pen a braqué contre elle bien inutilement une majorité de chefs d'État lors du sommet de l'UE de jeudi dernier. Le point de vue du géographe Michel Foucher sur la diplomatie selon Marine Le Pen.

L'étape était décisive, et toute la classe politique et médiatique était suspendue aux nouvelles : Marine Le Pen allait-elle réussir son entrée lors de son premier sommet de l'UE, le Conseil européen qui réunit les chefs d'État des pays membres de l'Union au moins deux fois par semestre à Bruxelles ?

En général, ces réunions sont préparées en amont par de nombreux échanges entre les équipes des dirigeants, qui communiquent également entre eux directement, et qui éventuellement tiennent des rencontres bilatérales pour faire le point sur des questions sensibles. Mais de ce qui a filtré, c'est une bien étrange préparation à laquelle s'est livré l'entourage de la présidente française, dont les conseillers se sont contentés d'une vague concertation avec Viktor

Orbán, ainsi qu'avec quelques dirigeants polonais, belges, autrichiens, danois ou finlandais, des homologues d'extrême droite ou inscrits dans une coalition où celle-ci tient une place.

Une violente diatribe

Arrogance, impréparation, ignorance des procédures réelles, mise en condition stratégique de ceux à qui elle allait annoncer des mesures qui seraient jugées inacceptables ? Toujours est-il que c'est une présidente sûre d'elle-même, sinon dominatrice, qui s'est présentée avant-hier matin dans le bâtiment Justus Lipsius qui accueille traditionnellement les participants à ces sommets. Très à son aise avec les journalistes, Marine Le Pen s'est livrée sans réserve aux jeux protocolaires, a salué avec une politesse exquise ses confrères. Puis la presse s'est retirée, la réunion proprement dite a commencé, et le président du Parlement a été invité à présenter comme d'ordinaire le point de vue de son institution sur les grands dossiers du moment. Compte tenu de l'ordre du jour, le président de la Banque centrale européenne avait été convié également à la réunion.

Nous avons pu, grâce à des informations qui ont filtré *via* les médias sociaux, avoir une connaissance relativement précise des principaux événements qui ont marqué le sommet.

En dehors peut-être de quelques amis politiques et de son très proche environnement, personne ne savait quel serait le comportement de Marine Le Pen. Certains observateurs s'attendaient à être surpris : ceux-là n'ont pas été déçus. En effet la présidente française, quand son tour de parole est arrivé, s'est lancée dans une diatribe virulente, par son contenu, qui tranchait avec ce qu'était son attitude quelques minutes plus tôt, c'est-à-dire détendue, à la limite de la désinvolture. Elle a rappelé que la France avait voté « non » au référendum de 2005 sur le traité établissant une Constitution pour l'Europe, et que son pays ne pouvait en aucune façon se reconnaître dans une Union qui « violente la démocratie des nations ». Les traités signés par la France l'ont été trop souvent par des « présidents qui bafouaient les demandes et les espérances de leurs mandants », et elle entend les renégocier pour « faire entendre la voix du peuple français, sa vraie voix ».

Le ton était donné, et un silence glacial a accueilli sa déclaration, dont elle a précisé ensuite le contenu. La « règle d'or » budgétaire, confirmée par le traité de mars 2012 sur la stabilité, la coordination et la gouvernance au sein de l'Union économique et monétaire sert « à étrangler ma patrie » ; l'interdiction des déficits au-delà de « possibilités dérisoires est une infamie doublée d'une félonie de la part de ceux qui l'ont ratifiée pour la France », et son pays préférera sortir de l'Europe plutôt que d'avoir à subir « des sanctions injustes, inappropriées et faites pour nous obliger à accepter le diktat de Berlin ». Enfin, la présidente française a fait valoir diverses demandes : renégociation du mandat de la Banque centrale européenne (BCE), réduction significative de la contribution de la France au budget européen notamment.

À l'exception de Viktor Orbán, qui a déclaré « bien comprendre la position de la France », aucun chef d'État n'a jugé bon de répondre directement à la présidente française. Celle-ci n'ayant pas annoncé explicitement le départ de son pays, l'interprétation la plus courante a été que les propos radicaux de Marine Le Pen étaient à usage politique interne, destinés à montrer à son électorat qu'elle n'avait pas peur d'une sortie de l'Europe – une sortie qui en réalité n'est pas son horizon. La France, par sa voix, aurait en fait voulu se mettre en position de force pour négocier son maintien dans l'Europe et dans l'euro.

Mais à l'évidence, Marine Le Pen ne maîtrise pas les codes et ignore les règles de bonne conduite qui définissent la vie diplomatique en général, et le fonctionnement du Conseil européen en particulier. Elle n'a pas informé en amont ses homologues de la teneur de ses déclarations, et elle a été perçue comme dépourvue de finesse, c'est le moins qu'on puisse dire. Elle a traité ses partenaires et interlocuteurs, a commenté le *Financial Times*, « comme dans son parti politique on traite les opposants, sans le moindre égard pour les personnes et sans la moindre ouverture d'esprit, comme des ennemis à abattre et non comme des adversaires-partenaires », elle a manqué de respect vis-à-vis d'une institution que son pays a contribué plus que beaucoup d'autres à construire.

La France sanctionnée et isolée

Rien d'étonnant, dans ces conditions, qu'un communiqué de la présidence de l'Union ait ensuite rappelé, en termes courtois et précis, la nature des engagements, traités et autres règles qui lient la France. Pire encore pour Marine Le Pen, l'Allemagne, sans ouvrir la moindre discussion avec elle, a indiqué en séance qu'elle veillerait à l'application « la plus immédiate et la plus entière qu'il se peut des sanctions que mérite déjà la France, avant même qu'elle ne commence à tenter d'appliquer le programme présenté par sa présidente ». Les experts parlent de milliards d'euros et évoquent un prix élevé à payer alors que des consultations auraient pu retarder le processus, et réduire fortement, voire annuler les sanctions. Plusieurs déclarations ont suivi la prise de position allemande en allant largement dans le même sens. Le processus qui devrait la concrétiser passera par diverses étapes, mais nul doute qu'il aboutira dans des délais exceptionnellement courts.

Les conversations se sont poursuivies entre pays « civilisés », comme a dit le très britannique correspondant à Bruxelles du *Guardian*, et la France s'est trouvée isolée, commc écartée d'une rencontre où elle s'était mis presque tout le monde à dos, alors même que les pays membres de l'UE sont loin de tous partager les mêmes vues sur les questions budgétaires et économiques.

Marine Le Pen a assez vite compris le coût diplomatique, mais aussi économique et politique de ce qui s'est révélé une démarche catastrophique. Elle ne pourra pas négocier à court ou moyen terme avec des homologues qu'elle a humiliés profondément par son attitude, alors qu'elle voulait finalement ouvrir des négociations. Elle va devoir assumer des sanctions mauvaises pour son image, et pour les finances du pays. Pour avoir voulu flatter son électorat anti-européen, elle s'est aliéné les sympathies dans des milieux d'affaires que préoccupent désormais sérieusement les perspectives économiques de la France. D'ailleurs, les places financières ont dès le lendemain pris en compte cette situation, le CAC 40 et avec lui presque toutes les valeurs françaises ont recommencé à chuter.

Marine Le Pen n'a pas posé pour la traditionnelle photo du sommet, et elle est partie avant même que les discussions soient achevées, s'engouffrant livide et sans le moindre commentaire dans le véhicule qui l'a conduite à l'aéroport. Destination : la Crimée, où elle passera le week-end dans une datcha mise à sa disposition par le président Poutine, qu'elle rencontrera à cette occasion pour un échange de vues informel.

Le nouveau cours diplomatique aura des implications géopolitiques considérables qu'éclaire Michel Foucher[1] en réponse aux questions du *New Morning*.

---

1. Géographe, diplomate, titulaire de la chaire de géopolitique du Collège d'études mondiales, Michel Foucher est l'auteur, entre autres, de l'*Atlas de l'influence française au XXIe siècle*, Robert Laffont, 2013.

TROIS QUESTIONS À MICHEL FOUCHER

1. L'influence de la France dans le monde ne va-t-elle pas s'affaiblir ?

C'est en effet un risque majeur. Le discours lancinant et excessif sur la perte d'influence et le déclin français supposés, tenu depuis de longues années, semble avoir fini par convaincre les électeurs de droite et d'extrême droite. Comme si la seule solution aux difficultés du pays résidait dans le repli de la société débouchant sur une forme d'isolationnisme, un peu comme dans les années 1930. Avec l'illusion que l'on peut se mettre en congé du monde, que l'avenir est insulaire. Or, l'influence d'un pays repose sur l'attraction qu'il exerce vis-à-vis de l'extérieur, sur les idées qu'il émet sur la marche du monde, et sur sa capacité d'ouverture. Rien de tel aujourd'hui ! La diplomatie entend revenir aux vieilles alliances du passé en effaçant un demi-siècle de coopération européenne. À vrai dire, il n'est pas certain que l'équipe au pouvoir ait une vision claire de la diplomatie ni même une connaissance de ses rouages. La France risque d'être marginalisée dans les diverses enceintes de coopération (Conseil de sécurité des Nations unies, G8, Union européenne) et dans les négociations en cours (crises au Moyen-Orient, traité transatlantique de libre-échange, transformation de l'OTAN). Personne ne nous écoute et nous n'avons plus d'alliés, sinon de rares gouvernements populistes européens.

Ce repli sur soi, cette illusion autarcique sont sûrement des facteurs de clivage à l'intérieur de la coalition au pouvoir, on le verra lors des prochaines échéances internationales.

2. Qu'a la France à gagner à se rapprocher de la Russie ?

La russophilie est une donnée ancienne de la vie politique et intellectuelle française. Elle fait écho à la vieille alliance franco-russe du début du XXe siècle. Elle dépasse les clivages partisans, mais nourrit un scepticisme constant à l'égard de la construction européenne que les crises sécuritaires à répétition aggravent. L'orientation pro-Moscou qui s'exprime au grand jour depuis mai 2017 s'alimente d'une convergence de vues sur le déclin supposé des sociétés occidentales et de leurs valeurs et sur le rôle d'un nationalisme exacerbé.

Au plan économique, la France s'est affranchie unilatéralement du régime des sanctions imposées en raison de la persistance de la crise russo-ukrainienne. La diversification énergétique engagée par le gouvernement précédent est remise en cause même si les risques de dépendance restent limités.

3. L'Europe peut-elle exister sans la France, ou avec une France qui ne joue pas le jeu ?

Le cours anti-européen du gouvernement porte un coup à une Union européenne déjà affaiblie par la pression migratoire issue des régions en crise en

Orient et par les attaques terroristes. Alors que des réponses à ces deux questions essentielles commençaient à être élaborées dans le format restreint et efficace des six pays fondateurs de l'Union européenne, le retrait français contraint les cinq autres de continuer d'avancer sans la France et de former un « noyau dur » déséquilibré en raison du poids de l'Allemagne. Après le Grexit inattendu des mois derniers, et avec le risque d'un Brexit en 2018, un éventuel « Fraxit » est analysé par les experts internationaux et les marchés américains et asiatiques comme sonnant le glas de la zone euro et de la construction européenne.

Lundi 3 juillet 2017

L'audiovisuel public passe sous le contrôle de l'Élysée

Le pouvoir prend le contrôle des radios et télévisions publiques en remplaçant leurs dirigeants par des responsables encartés au FN. Une grève paralyse actuellement l'audiovisuel public, qui diffuse de la musique en continu, mais il n'est pas certain que son unité de façade puisse durer. Un séminaire gouvernemental autour de Patrick Buisson apporte son éclairage sur les médias privés.

À l'évidence, les idéologues du Front national, et surtout ceux qui l'ont rejoint récemment, plus ou moins explicitement, ainsi que quelques-uns de ses dirigeants ont une certaine connaissance de la pensée du marxiste italien de l'entre-deux-guerres, Antonio Gramsci. Ce dirigeant communiste, emprisonné par Mussolini, avait théorisé dans ses écrits l'idée selon laquelle il n'est pas de pouvoir politique, dans le monde moderne, sans prise préalable du pouvoir culturel. Le combat idéologique, de ce point de vue, est essentiel. Il passe par le contrôle des médias, à partir desquels peut s'effectuer celui de la société civile.

N'exagérons pas : les intellectuels et les dirigeants du FN n'ont une connaissance que superficielle et de seconde main du penseur italien, dont les thèses avaient inspiré dans les années 1970 les derniers soubresauts du communisme en Europe, quand il s'agissait dans certains cercles de gauche de tenter de le relancer de façon ouverte et démocratique. Et ce n'est pas seulement cette connaissance qui les incite à avoir une politique de contrôle de l'information – tous les régimes autoritaires s'en préoccupent. Toujours est-il qu'ils sont bien décidés à agir rapidement et fortement sur ce terrain.

Licenciements et nominations à la tête de la radio et de la télévision publiques

En France, une partie non négligeable des chaînes de radio et de télévision sont publiques, et dépendent directement de l'État. Elles sont donc considérées comme un service public. Leurs personnels sont puissamment syndiqués, du moins en comparaison avec le taux de syndicalisation du secteur privé, qui est très faible, et ils sont moins qu'ailleurs en faveur de Marine Le Pen ou du FN. Les nominations à la tête de ces chaînes dépendent du pouvoir, même si celui-ci, en particulier sous la présidence de François Hollande, a voulu leur donner l'allure d'une certaine autonomie, notamment en confiant au Conseil supérieur de l'audiovisuel, le CSA, une instance en principe indépendante, le soin de procéder aux plus importantes d'entre elles. Il y a là un enjeu certain, et le nouveau gouvernement a voulu très vite s'y atteler, fidèle donc à sa vision « gramscienne » de la conquête de la société civile et de l'État.

La quasi-totalité des dirigeants en place ont ainsi été démis, sèchement, sans préalable, sans consultation du CSA, et au mépris des règles – l'État assumera le coût d'éventuelles actions en justice. Le CSA lui-même sera dissous « dans les meilleurs délais », a expliqué le porte-parole du gouvernement, « de toute façon, il ne servait pas à grand-chose, sinon à promouvoir la soi-disant diversité à la télévision, c'est-à-dire à ouvrir les médias publics aux étrangers et aux illégaux, et à salir l'identité nationale ».

Nommés directement par le gouvernement, les nouveaux dirigeants sont inconnus du public. Ils n'ont aucune expérience des médias, ils font partie de cette génération de militants entrés au FN au début des années 2000 qui ont accepté de suivre une formation politique et administrative accélérée pour devenir des cadres de leur mouvement. Et quelques-uns ont acquis un début de pratique institutionnelle à partir de leur élection en régions, en décembre 2015. Ils ont soif d'accéder à de hautes responsabilités et, toutes proportions gardées, ont un certain niveau d'éducation. Ce sont de jeunes loups aux dents longues, ils sauront, pense le pouvoir, mettre au pas les chaînes publiques de radio et de télévision.

L'audiovisuel public en grève

Ces licenciements secs, suivis de nominations de dirigeants n'ayant aucun lien avec le sérail, aucune compétence professionnelle en matière de télévision ou de radio, ont immédiatement suscité une formidable levée de boucliers. Les directeurs de rédaction, les journalistes, les animateurs ont décidé une grève générale, suivie mais très partiellement seulement par les personnels et leurs syndicats. Car si dans l'ensemble la résistance est grande au sein des médias publics vis-à-vis du FN et des idées qu'il véhicule, il est vrai aussi qu'il a, souterrainement, progressé en leur sein. Il y a aussi ses partisans, y compris au sein des syndicats les plus contestataires, qui sont sensibles à deux engagements : qu'il rompe avec l'Europe, et qu'il tienne ses promesses vis-à-vis des exclus, des « oubliés » et des « invisibles ». De plus, le FN a su depuis longtemps flatter le corporatisme qui peut exister chez ces personnels, leur promettant des augmentations de revenu, et l'instauration de la préférence nationale pour l'emploi, et ni Force ouvrière ni Sud ne sanctionnent désormais ceux de leurs militants et responsables qui auraient pris ouvertement fait et cause pour le FN.

Les mots d'ordre des grévistes indiquent clairement qu'il s'agit de faire revenir le pouvoir sur ses décisions de licenciements et ses nominations ; ils sont par contre beaucoup moins sous-tendus par l'idée de sauver aussi le CSA. Cette instance, en effet, ne semble pas perçue par eux comme un véritable garant de la liberté et de l'autonomie des médias publics.

La grève paralyse actuellement la radio et la télévision publiques, qui diffusent de la musique de façon continue depuis hier. Mais, et c'est peut-être l'essentiel, elle n'en est pas moins l'objet de vifs débats internes. Les premières assemblées générales ont fait apparaître de fortes tensions entre partisans et adversaires de la grève, et le rapport de force actuel pourrait bien s'effriter rapidement. Pour l'instant, une unité de façade est affichée par les grévistes, mais le front de tous les syndicats, réunis en intersyndicale (SNFORT, Unsa, CGT, Sud, CFDT), commence déjà à se lézarder.

Ce processus de désunion risque d'autant plus de s'accélérer que le gouvernement, aussitôt après avoir procédé aux licenciements et aux nominations consécutives, a aussi pris soin d'annoncer des mesures qui ne peuvent que calmer le jeu : autorisation d'emprunter pour financer de grands chantiers de modernisation, retour massif possible à la publicité, que Nicolas Sarkozy, alors président de la République, avait limitée pour les chaînes publiques (rien que pour Radio France, où un décret du 6 avril 1987 avait déjà fixé la publicité à trente minutes maximum par jour, les calculs indiquent des rentrées publicitaires supplémentaires pour un montant de l'ordre de douze millions d'euros), annonce d'un plan pour « introduire plus d'équité dans les rémunérations », ce qui va dans le sens de l'égalitarisme si important dans la culture politique et sociale française.

La bataille de l'audiovisuel public a été lancée sans nuance par le gouvernement, qui s'est révélé en l'occurrence relativement bon stratège. Il sait pouvoir compter de fait, passivement ou activement, sur une partie significative des personnels, il fait des annonces qui ne peuvent que désamorcer un mécontentement ou des inquiétudes proprement sociales, ce qui lui permet de dire nettement que la grève est purement politique, voire, insinue-t-il, politicienne. Le bras de fer engagé sur les ondes est aujourd'hui indécis, et le pouvoir, qui a clamé haut et fort qu'il ne céderait pas « à l'idéologie immigrationniste et non républicaine » des grévistes, semble capable de reprendre la main, avec l'appui de personnels qui n'éprouvent pas tous la répréhension morale des grévistes vis-à-vis de Marine Le Pen.

Le pouvoir a conscience, à l'évidence, qu'il ne suffit pas de contrôler l'audiovisuel public pour exercer une emprise totale sur les médias. Comment mettre aussi au pas les chaînes de radio et de télévisions privées, ou la presse écrite, sans parler des réseaux sociaux, qui semblent intouchables ?

Pour répondre à cette question, un séminaire gouvernemental s'est tenu samedi dernier dans le cadre agréable du pavillon de chasse de la Lanterne à Versailles. Une dizaine de ministres avaient été mobilisés dès neuf heures par la présidente, qui avait également convié au titre d'expert Patrick Buisson, invité à présenter un rapport confidentiel préparé par ses soins pour l'occasion.

« *Panem et circenses* », a déclaré celui-ci en ouverture, témoignant ainsi de la vaste culture qui avait déjà séduit en son temps Nicolas Sarkozy, alors président : « Comme dans la Rome antique, nous devons nourrir le peuple, qui attend beaucoup de nous, mais ce n'est pas ma compétence, et lui offrir des spectacles gratuits, c'est mon premier point, de façon à lui montrer que nous sommes à son écoute. » Patrick Buisson, qui n'a pas ressenti le besoin de dire que la célèbre expression de Juvenal était particulièrement négative et méprisante vis-à-vis de la plèbe romaine, suggère au gouvernement, tout d'abord, d'inviter les responsables des grands médias privés à privilégier encore plus tout ce qui flatte les goûts populaires dans les programmes de télévision et de radio : jeux, variétés et sports.

Les émissions politiques, suggère-t-il, devront veiller à rappeler les erreurs et les errements des pouvoirs antérieurs, à commencer par ceux de gauche. Les événements importants du quinquennat qui s'ouvre – meetings, inaugurations, conférences de presse, réceptions, rencontres avec des personnalités françaises et étrangères, déplacements officiels, etc. – seront ouverts aux journalistes des médias privés sous conditions, ils devront être retransmis en concertation permanente avec les services de communication de l'Élysée et des ministères concernés, y compris dans leurs dimensions techniques (angles des prises de vue, son, etc.) – ce qui, a-t-il indiqué, était déjà souvent le cas avec BFM, LCI et I-Télé. Des budgets conséquents devraient donc être alloués aux « communicants » et aux entreprises spécialisées, instituts de sondage notamment, avec lesquelles ils travaillent.

Des limites devraient être fixées en ce qui concerne les émissions satiriques, du genre « Les Guignols de l'information », dont les responsables devront savoir que les institutions appellent le plus grand respect. Sans être nommée explicitement, la chaîne Canal Plus est à l'évidence dans le collimateur, et ses principaux actionnaires devraient comprendre qu'une critique trop poussée du pouvoir pourrait susciter de lourdes mesures de rétorsion – Patrick Buisson considère qu'ils sauront les anticiper et prendre intelligemment le pouls de la situation.

Les subventions publiques ou les aménagements fiscaux devront être orientés par le pouvoir de façon à encourager la production d'émissions et de films dans le « bon sens » : valorisation de la nation et de son histoire, de la langue française, des traditions nationales, mais aussi régionales et locales. Dans l'ensemble, un mélange de coercition et de pression économique devrait permettre au gouvernement de mettre en œuvre une politique de contrôle et d'orientation des médias. Il est en revanche beaucoup plus difficile d'agir de la sorte avec les réseaux sociaux, et Patrick Buisson pense qu'il faut surtout se donner les moyens de les surveiller, et de contrer sur leur terrain même des vagues de critique trop puissantes. Il suggère la mise en place d'une « cellule de veille, de communication et d'action numériques », qui devrait relever directement de l'Élysée. Celle-ci, a-t-il expliqué, pourrait aussi être d'une grande utilité en matière de sécurité.

La discussion qui a suivi la présentation de son rapport par Patrick Buisson a montré qu'il était fort apprécié, et qu'il fixait bien le cadre de l'action gouvernementale en matière de médias privés. Éric Zemmour, le ministre de l'Éducation, qui semble oublier ce qu'il doit aux immenses degrés de liberté que lui ont accordés dans le passé la télévision, la radio ou la presse écrite, a même plaidé pour qu'« on en finisse avec l'impertinence qui détruit la légitimité de ceux qui incarnent l'identité française, et avec la vulgarité qui finalement nous salit ». Après quelques prises de parole, toutes dans le même sens, il ne restait plus au gouvernement et à ses invités qu'à se détendre dans les salons et le parc de la Lanterne, avant un sympathique déjeuner, où l'on a même parfois plaisanté, y compris en blaguant Patrick Buisson sur la façon dont il aurait enregistré secrètement les propos de la matinée pour les transmettre à Nicolas Sarkozy – « Ce qui serait un juste retour des choses », a dit le Premier ministre Florian Philippot avec l'humour qui le caractérise.

Jeudi 6 juillet 2017

Le retour de la peine de mort

Le rétablissement de la peine de mort est une promesse presque intenable et le pouvoir se dirige vers un substitut : la détention à perpétuité sans remise de peine.

Marine Le Pen pourra-t-elle abroger la suppression de la peine de mort ? Une large partie de l'électorat y est favorable, mais pour des raisons juridiques et institutionnelles, il lui faudra peut-être se rabattre sur une autre mesure : la détention à perpétuité sans remise de peine possible. Le retour de la peine de mort était un des engagements phares de la candidate Marine Le Pen, il est maintenant concrètement à l'ordre du jour, ce devrait être une des premières mesures de Marine Le Pen présidente. Mais depuis longtemps, il était clair aussi que cette promesse risquait fort de rester lettre morte. Aussi symbolique que l'avait été l'abolition de la peine à l'initiative de l'avocat Robert Badinter, au cours du premier septennat de François Mitterrand, son rétablissement pose en effet toutes sortes de problèmes juridiques et politiques à ses promoteurs. Il leur faudra en effet, une fois la décision confirmée, revenir sur des conventions internationales et obtenir un accord parlementaire pour modifier la Constitution, ce qui n'est pas acquis compte tenu de la composition de la nouvelle Chambre des députés et du Sénat.

Une campagne démagogique et télévisuelle

Première étape pour Marine Le Pen : susciter une dynamique populaire puissante en faveur de la mesure, même si elle peut sembler irréaliste. Pour cela, un référendum sera proposé aux Français, courant octobre. La question sera simple : êtes-vous favorable au retour à la peine de mort pour des crimes particulièrement odieux et des actes de terrorisme ? Une campagne télévisuelle et radiophonique est déjà lancée, qui prépare le terrain. La parole des victimes, lorsqu'elles ont survécu, celle de leurs proches, et des témoignages donnant à voir la barbarie et la sauvagerie des crimes qu'il s'agit de sanctionner désormais par la peine capitale seront diffusés à haute fréquence par les médias publics.

Apparemment déconnectée de cette campagne, dès septembre prochain, mais survenant dans le même contexte, ce qui alimente les interrogations à gauche, est annoncée la programmation de deux séries d'émissions télévisées. La première rappellera les principaux attentats terroristes des dernières années, la seconde sera consacrée aux grands crimes sexuels. Elles sont l'une et l'autre confiées au cinéaste Serge Moati, dont Jean-Marie Le Pen, qui l'a pratiqué pendant plus d'un quart de siècle, avait tenu récemment à souligner « les grandes qualités professionnelles ».

Moati a expliqué son projet : alterner images des actes et de leurs auteurs, mais aussi de leurs victimes, et faire suivre chaque épisode d'un débat dans le style de l'émission « Ripostes » qu'il animait au début des années 2000, avec six invités diversifiés, politiques, institutionnels et intellectuels. Interrogé sur BFM TV, il a tenu à indiquer que le projet de cette double commande date de « février dernier, bien avant l'élection présidentielle ».

La campagne pour le retour de la peine de mort est assurée d'un grand succès. Mais elle risque d'alimenter des espoirs qui seront presque nécessairement déçus, en tout cas à court et moyen terme, elle est démagogique, et ce qui devait conforter le pouvoir pourrait alors au contraire l'affaiblir en suscitant de fortes frustrations. Il est clair en effet que pour des raisons juridiques, et faute de majorité suffisante, il ne sera pas possible d'abolir rapidement la peine de mort.

Une alternative : la détention à perpétuité, vraiment

C'est pourquoi le gouvernement a chargé le maire d'Orange, Jacques Bompard, d'un rapport sur une éventuelle solution alternative. Le plus vraisemblable est qu'il proposera le vote d'une simple loi prévoyant pour les crimes les plus graves une détention réellement à vie, sans possibilité de remise de peine, pas même en cas de conduite exemplaire.

Robert Badinter, interrogé sur une telle hypothèse, s'est déclaré « évidemment défavorable », mais demande que l'on ne confonde pas la peine de mort avec la prison à perpétuité, « qui relève d'une autre logique » et qui n'est « certainement pas une peine capitale déguisée ». Son combat passé ne doit selon lui en aucune façon être mis en avant par ceux qui voudront s'opposer à la détention à vie, qui pose à ses yeux d'autres problèmes, et qui ne se situerait pas au niveau élevé d'éthique qui fut celui de son action dans les années 1970 et au début des années 1980. Sa position a donné lieu à un débat d'une haute tenue philosophique et spirituelle au collège des Bernardins, rue de Poissy à Paris, au cours duquel il s'en est expliqué face à plusieurs philosophes et hommes d'Église. Elle a suscité une assez vive déception, et même de l'amertume chez ceux qui espéraient qu'il prendrait avec vigueur la tête de l'opposition aux propositions à venir de Jacques Bompard.

Un sondage d'opinion (IFOP, Atlantico) vient d'indiquer un fort soutien de la population à la démarche de Marine Le Pen. De l'ordre de 60 % des personnes interrogées, en effet, se sont déclarées favorables au rétablissement de la peine de mort, et en faveur d'une peine de détention à vie sans remise possible dans l'hypothèse où le rétablissement ne pourrait pas être mis en œuvre rapidement. Un examen plus fin des résultats fait apparaître des différences selon les catégories sociales – les plus aisées sont moins favorables que les plus modestes –, et selon le type d'habitat – le maintien de l'abolition demeure majoritaire dans les grandes villes, sauf à Marseille. Plus surprenant peut-être : une majorité (52 %) des personnes issues de l'immigration récente (les deux parents nés ailleurs) se déclare elle aussi en faveur du retour à la peine capitale. Pour l'institut de sondage, ce chiffre indique une certaine intégration, mais aussi la hantise d'une assimilation en raison de leurs origines au crime et au terrorisme.

Les neurosciences et la peine capitale

Dans ce contexte, la traduction dans *Le Figaro* d'un article signé d'un spécialiste américain des neurosciences, le professeur Nardino, prix Nobel de médecine 2017, a fait grand bruit. Déjà en 2011, dans *The Atlantic,* David Eagleman, un neuroscientifique renommé, affirmait que les hommes ne sont pas égaux sur le plan neuronal et en appelait à une « neuro-justice » capable de mettre *the brain on trial* – « le cerveau à la barre » ; de même en 2013 Adrian Raine, un neuro-criminologue britannique revenait à la charge dans un livre où il développait une théorie « neurodéveloppementiste » de la violence (*The Anatomy of Violence*, Pantheon Books). Le professeur Nardino quant à lui justifie la peine capitale en s'appuyant sur deux arguments. Le premier est statistique : selon des données qu'il a compilées, 35 % des auteurs de graves crimes sexuels aux États-Unis seraient des récidivistes, passant à nouveau à l'acte une fois leur peine de prison effectuée. Le second argument repose sur les possibilités nouvelles qu'offre le *data mining*, la science qui consiste à explorer, comme dans une mine, des millions de données disponibles. Avec les outils numériques, en effet, il est désormais possible de dessiner le profil individuel des terroristes ou des criminels sexuels, qu'ils aient déjà agi ou qu'ils soient potentiellement disposés à le faire. Il est même possible de connaître, selon le professeur Nardino, la probabilité du passage à l'acte. Ne faut-il pas, suggère-t-il, mettre de tels individus hors d'état de nuire ? Le scientifique ne demande pas la peine de mort pour des récidivistes ou des terroristes en puissance, mais il reprend, vraisemblablement sans le savoir, le titre d'une célèbre leçon du philosophe Michel Foucault au Collège de France : « Il faut protéger la société. » Son propos conduit très directement à promouvoir la détention à perpétuité. Le garde des Sceaux, Gilbert Collard, s'est dit très intéressé par cet article et s'en est expliqué lors d'une conférence de presse le 4 juillet dernier. Les tribunaux américains, a-t-il noté, sont de plus en plus nombreux à faire appel à des spécialistes en neurologie pour éclairer les juges sur l'état cérébral des accusés et parfois aussi des témoins. L'expertise des neurosciences pèse de plus en plus lourd face aux compétences plus classiques des psychiatres ou des psychologues. Pourquoi la France resterait-elle à l'écart de ce mouvement de modernisation ? L'imagerie médicale par IRM, a expliqué Gilbert Collard, permet de voir comment le fonctionnement du cerveau est à l'origine des comportements déviants, et il est devenu possible d'établir les bases neuronales expliquant le crime, la violence, l'alcoolisme, le recours à la drogue, etc. Les progrès fulgurants de la science et de la technologie doivent apporter une contribution à la bonne marche de la justice. C'est pourquoi le garde des Sceaux a annoncé que les tribunaux pourront désormais recourir à des détecteurs de mensonge fonctionnant avec le concours de l'IRM. Il a aussi promis de faire avancer « à marche forcée la connaissance sur le dépistage grâce aux neurosciences des signes avant-coureurs du crime et de la délinquance », et d'en tenir compte dans son action à venir.

Ainsi, le rétablissement de la peine de mort est compromis, selon toute vraisemblance, mais le durcissement de la justice est en marche.

Jeudi 20 juillet 2017

L'ENA à Perpignan

L'École nationale d'administration, si souvent critiquée par le FN, doit-elle être purement et simplement fermée ? Une fois de plus, les contradictions et les ambivalences du pouvoir éclatent au plein jour. Le débat semblait avoir été clos dans le contexte des élections régionales de 2015, quand le FN avait retiré de son programme le projet de supprimer l'ENA, il vient donc de rebondir. La décision a été prise de transférer l'ENA à Perpignan.

Le Front national, avant d'accéder au pouvoir, a souvent critiqué l'ENA (École nationale d'administration) et surtout dénoncé vivement les énarques. Mais il a aussi parfois recruté parmi les anciens élèves de la prestigieuse école. Florian Philippot, maintenant Premier ministre, en est sorti (promotion 2009), et il en va de même pour Philippe Martel, qui avait été chef de cabinet d'Alain Juppé en 1993-1994 et est devenu directeur de cabinet de Marine Le Pen en 2013, puis son proche conseiller.

Se passer des énarques ?

Le parti anti-système qu'est le FN a apparemment admis, dans ses sphères dirigeantes les plus modernes, qu'il lui fallait se doter de compétences gestionnaires et administratives crédibles. Il n'est pas aberrant qu'il ait ainsi entrouvert ses portes à d'anciens élèves de l'ENA, une poignée en fait, qu'il a laissés accéder à de hautes fonctions.

Jean-Marie Le Pen, maintenant sur la touche et, on le sait, hospitalisé depuis plusieurs semaines, avait parfois émaillé ses discours de diatribes ardemment anti-technocratiques. C'est certainement un signe de faiblesse pour ceux qui lui sont restés fidèles idéologiquement que de devoir accepter le spectacle de technocrates occupant des postes de responsabilité dans les instances de direction du parti maintenant contrôlé par Marine Le Pen. La vieille génération avait construit le FN sur un mode résolument hostile à l'ENA, la nouvelle s'est révélée beaucoup plus nuancée au fur et à mesure qu'elle devait exercer des responsabilités, ou qu'elle s'y préparait. De plus, le FN a commencé à s'implanter parmi les élèves de l'ENA. D'après le magazine *Valeurs actuelles,* toujours bien informé s'il s'agit de l'extrême droite, certains d'entre eux, jusque-là discrets quant à leurs choix politiques, se préparent à faire leur « coming out ».

Mais au sein du FN, plus on se rapproche de la base, plus la tonalité demeure hostile à la bureaucratie et à la technocratie d'État telles que les incarne l'ENA aux yeux du public. Ces sentiments sont partagés aussi par nombre des membres récents de l'appareil du FN, élus locaux lors des dernières élections municipales, départementales et régionales, ou bien encore personnels salariés des mairies passées sous son contrôle. Ceux qui ont ainsi accédé à des responsabilités politiques et administratives sont convaincus qu'un obstacle majeur à leur carrière provient de l'existence d'un vivier d'anciens élèves de l'ENA qui se tiendraient les coudes pour se partager les postes, les emplois et, croient-ils, les sinécures. Ces nouveaux cadres du mouvement lepéniste considèrent qu'eux-mêmes, contrairement aux énarques, savent ce qu'est la vraie vie. Ils ne sortent pas de la cuisse de Jupiter, et ils espèrent que leurs mérites seront reconnus avec les succès du FN, dont ils attendent qu'il ferme la route à tous les nantis diplômés qui se préparent à continuer à tenir leurs positions habituelles. Leurs propres compétences, pensent ces cadres, ne sont pas purement gestionnaires, ils les ont acquises sur le terrain, en entreprise notamment. Ils sont rejoints dans ces sentiments par de nombreux militants qui aspirent eux aussi à des responsabilités locales ou nationales.

Ce désir d'écarter l'énarchie pour occuper sa place se nourrit d'affects très largement répandus dans la culture politique française. Les Français adorent critiquer les fonctionnaires et les bureaucrates, continuent d'apprécier le théâtre et les romans de Georges Courteline, qui les a immortalisés dans son œuvre, au tournant des XIXe et XXe siècles. Mais en même temps, ils font confiance à leur État, bien plus qu'à des forces sociales. Ils savent que la haute fonction publique assure le fonctionnement des institutions dans la durée, tandis que les élus passent, et ne restent jamais bien longtemps en place.

Faire appel plus ou moins discrètement à des énarques pour peupler les cabinets ministériels mis en place, ou les en tenir à l'écart, et le faire savoir ? Le débat a été très animé ces derniers jours, entre une majorité de ministres, dont le Premier, favorables à la première hypothèse, et une minorité conduite par Éric Zemmour, Gilbert Collard et Robert Ménard, tenants de la seconde. Ces derniers sont même allés beaucoup plus loin, plaidant pour la suppression pure et simple de l'ENA, dont les activités qu'il faudrait néanmoins maintenir pourraient dans cette perspective être confiées à Sciences Po.

Louis Aliot à la manœuvre, une décision mi-figue, mi-raisin

Créée en 1945, l'École nationale d'administration avait initialement pour vocation de former les futurs hauts fonctionnaires, des hommes dévoués à la chose publique, porteurs du sens de l'État. Mais à suivre ceux qui plaident pour sa suppression, son projet fondateur a été dévoyé, elle n'est plus qu'une « pépinière de carriéristes, de ronds-de-cuir ou de politiciens socialistes ou "républicains" qui cumulent les mandats, quand ce n'est pas d'affairistes sans le moindre souci pour les affaires publiques ».

La discussion a été relayée dans la presse, et a suscité bien des prises de position. La direction de Sciences Po, en termes choisis, a fait savoir par un communiqué qu'elle ne trouvait pas « opportune » l'hypothèse d'une suppression de l'ENA qui aboutirait à lui en confier certaines des prérogatives. Trois mille anciens élèves de l'École ont publié dans *Le Figaro* une pétition, rappelant la grandeur d'une institution « tout entière vouée au service de l'État, à la promotion des valeurs républicaines et à la grandeur de la nation ». L'hebdomadaire *Marianne* a publié un article qui a beaucoup circulé sur les réseaux sociaux, dressant la liste de tous ceux qui, passés par l'ENA, n'avaient jamais ou tout au plus que rarement travaillé dans la haute administration, les uns préférant se consacrer à la politique, les autres aux affaires, d'autres encore circulant d'un domaine à l'autre. La liste était assortie d'indications chiffrées sur les revenus des anciens énarques, ce qui a fait grincer pas mal de dents. L'article a été d'autant plus retentissant qu'il a mis en cause l'ancien président François Hollande à propos de l'époque où il était à la Cour des comptes, dans les années 1990.

Enfin, le quotidien *Libération* a publié les résultats d'une étude du Cevipof, le Centre de recherches politiques de Sciences Po, soulignant le manque cruel de cadres compétents en matière de gestion et d'administration au sein de l'appareil du FN.

Le Conseil des ministres de mercredi dernier a consacré une bonne partie de ses échanges à la question, et le porte-parole du gouvernement, Louis Aliot, a rendu publiques à sa sortie les décisions qui ont été prises. La fermeture de l'ENA n'est plus à l'ordre du jour, mais l'école sera désormais entièrement délocalisée, elle ne sera plus à Strasbourg, « ce qui symbolisait l'inféodation de la haute fonction publique française à l'Europe », avec une antenne à Paris pour accueillir les cycles courts « ce qui était la marque des privilèges de ses élèves ». Elle sera implantée à Perpignan, la ville d'élection de Louis Aliot « dont la gare SNCF, a déclaré ce dernier sans qu'on sache s'il faisait de l'humour, est le centre du monde d'après Salvador Dalí ». Désormais, toute nouvelle affectation d'énarque – et cela vaut évidemment pour les cabinets ministériels en cours de formation – se fera à des conditions de rémunération très strictes, qui seront rendues publiques, selon une grille qui sera revue à la baisse, et il n'y aura plus aucune de ces primes qui complètent les salaires et font le charme de la haute administration française : « Nous voulons nous appuyer sur des personnes vouées au bien public, et non plus sur des carriéristes préparant leur carrière et s'enrichissant sur le dos des contribuables. » Pour les nouvelles promotions, il y aura un engagement très ferme de servir l'État pendant au moins quinze ans, et de lourdes pénalités sanctionneront tout manquement. L'association des anciens élèves de l'ENA est dissoute, et à sa place sera mis en place un « bureau des anciens » placé sous le contrôle direct du Premier ministre : « Nous voulons mettre fin au corporatisme et aux copinages en tous genres qui gangrènent la fonction publique », a précisé Louis Aliot, qui a indiqué que toute tentative pour contourner cette nouvelle organisation sera sévèrement punie.

Ainsi, le gouvernement espère pouvoir conjuguer deux exigences contradictoires : donner satisfaction au peuple et aux militants qui critiquent la techno-bureaucratie d'État, sans pour autant se priver complètement des compétences gestionnaires et administratives qui lui font cruellement défaut. Mais ce faisant, il a suscité de fortes craintes au sein de l'appareil d'État, et pas seulement parmi les énarques. Dans l'administration, en effet, les personnels s'inquiètent de voir se développer une critique poujadiste inaugurée avec l'ENA, mais qui pourrait mettre en cause la fonction publique de façon générale. Un climat de nette hostilité se met en place vis-vis du pouvoir, qui pourrait se concrétiser sinon par des grèves rampantes du moins par une sorte de passivité entravant *de facto* l'action du gouvernement. Ce dernier, c'est le moins qu'on puisse dire, ne semble pas devoir pouvoir compter sur le soutien de fonctionnaires enthousiastes pour avancer dans ses projets de réformes.

Jeudi 31 août 2017

Logement social : les Français d'abord

Le ministre de la Ville, du Logement et des Territoires, Thierry Mariani, a annoncé la construction de cinq cent mille logements par an. Sa politique s'inscrit dans le cadre de la « priorité nationale », elle distinguera les Français et les autres. Elle permettra de relancer la croissance et l'emploi, et sera respectueuse de l'environnement. Une enquête de *La Tribune* fait apparaître le scepticisme des maires, et des directions de sociétés de HLM.

Thierry Mariani est un ministre de la Ville, du Logement et des Territoires qui souhaite prendre à bras-le-corps la question du logement. Il a annoncé sans détour son intention de lancer un grand projet, « Logements 2020 », qui « montrera toute la différence qui peut exister entre notre gouvernement, qui est actif et efficace, et le gouvernement précédent ». En fait, ses propos visaient surtout Cécile Duflot, à qui il a reproché d'avoir préféré « construire des usines à gaz, ce qui est ennuyeux quand on se targue d'écologie, plutôt que des logements sociaux ».

Mixité sociale et priorité nationale

Son projet comporte plusieurs objectifs, qu'il a déclinés lors d'une conférence de presse à Nice, la ville dont Christian Estrosi est maire – ce qui doit être compris, expliquent les « communicants » du ministre, comme un appel du pied et certainement pas comme une provocation vis-à-vis de celui qui l'avait emporté face à Marion Maréchal-Le Pen lors des élections régionales de 2015. Le premier objectif est de veiller à la construction de cinq cent mille logements sociaux par an pendant chaque année de la mandature. Ces logements devront comporter au moins 30 % de pavillons, car les Français, a-t-il dit, aiment l'habitat pavillonnaire. Collectifs ou individuels, les programmes devront tous être à taille humaine, ils seront aussi localisés de façon à s'intégrer aisément aux espaces urbains existants, et il n'y aura plus de fortes concentrations de logements sociaux. Les logements proprement sociaux seront mêlés à d'autres, privés, dont la construction sera confiée à des promoteurs immobiliers, ce qui marque une volonté de mixité sociale car le parc privé sera à destination de couches moyennes. « La gauche, a expliqué le ministre, a parlé de mixité sans la faire, au contraire, elle a laissé une ségrégation se mettre en place, avec des ghettos pour riches, des ghettos pour les classes moyennes et des ghettos pour pauvres. L'apartheid, c'est elle ! Nous, nous allons recréer le lien social dans nos villes, dans nos quartiers. » L'accession à la propriété sera facilitée par des mesures à caractère social. Surtout, tous ces logements seront réservés purement et simplement à des familles dont au moins le père ou la mère sont français.

Cette annonce relative à l'application concrète du principe de « priorité nationale » est en effet une indication claire et précise de la façon dont elle sera mise en œuvre par le gouvernement : sans nuances. Car le ministre exige que soit rejetée toute demande qui ne correspond pas au critère de nationalité mis en avant.

Interrogé sur ce qu'il adviendrait, précisément, de ces étrangers lorsqu'ils cherchent à se loger, le ministre a indiqué qu'il comptait faire construire pour eux des logements collectifs. Il a laissé entendre que ces logements pourraient être davantage excentrés, et que leur entretien devrait être meilleur marché – traduire : la qualité des prestations et des services offerts par les bailleurs pourra être moindre. Il a aussi insisté pour dire que la surveillance et la sécurité seront une priorité dans les quartiers d'habitat social, y compris ceux réservés aux étrangers.

Réenchanter les villes, satisfaire les couches moyennes

Il ressort de ces premières indications que le ministre a sa vision de l'organisation spatiale de nos villes. Les familles françaises, ou en cours d'intégration, seront le plus possible rapprochées des centres-villes, avec l'idée de les gagner politiquement au nouveau pouvoir. Cette stratégie s'explique si l'on considère la géographie électorale récente. Des enquêtes de sociologie politique, et en particulier les travaux récents de Laurent Davezies, ont en effet montré qu'en dehors de Paris, le FN s'implantait au cœur des villes, et pas seulement dans les zones périurbaines plus ou moins éloignées, où il avait progressé au début des années 2010. Les nouveaux logements sociaux seront attribués dans cette perspective à des Français relevant des catégories modestes ou moyennes qui ne veulent pas être coupées de la ville, tout en souhaitant pouvoir bénéficier, pour une bonne partie d'entre elles, d'un pavillon individuel avec un petit jardin – le ministre sur ce point n'est pas très clair : comment rapprocher les nouveaux logements des centres-villes tout en offrant en nombre non négligeable des maisons avec jardin ?

Alors que depuis des années les couches moyennes se voyaient plutôt en mobilité descendante, ou au mieux stagnante, une inversion de cette tendance leur est promise sous la forme d'une inscription nouvelle dans l'espace urbain.

Quant aux étrangers, ils seront eux beaucoup plus rejetés loin des villes, ce qui, comme vient de le montrer le sociologue Didier Lapeyronnie dans un article de la revue *Espaces et Sociétés*, ne peut que contribuer à accentuer des logiques de ghettoïsation et à fabriquer ce qui leur est reproché – du communautarisme, de l'islamisme y compris sectaire ou radical.

Les avantages collatéraux : économiques, écologiques

Le programme de Thierry Mariani vise aussi à soutenir l'économie et la croissance, et à créer des emplois. Le bâtiment est en effet un secteur crucial, qui a beaucoup souffert depuis le début des années 2010, et pour lequel une politique de relance peut avoir des effets presque immédiats. Le magazine *L'Usine nouvelle* a publié en juin dernier une étude qui montre que la construction de quatre cent mille logements sociaux par an – ce qui constitue déjà un véritable saut par rapport à la période précédente – pourrait générer plusieurs dizaines de milliers d'emplois directs, et davantage encore d'emplois indirects, exerçant un effet de stimulation sur toute l'économie du pays.

Le ministre a tenu à marquer aussi le caractère écologique de son programme. Les projets de construction feront appel à des technologies et des matériaux de pointe, et l'urbanisation dans son ensemble se fera sur le mode du développement durable. Le ministre a tenu à apporter une dernière précision : les entreprises impliquées devront acheter français, et employer français, ce sera pour elles une priorité absolue, des sanctions sont prévues si ce principe n'est pas respecté.

Ainsi, le premier gouvernement de la nouvelle ère propose-t-il une combinaison de plusieurs dimensions : nationales, à l'évidence, sociales, économiques et environnementales. Les présidences précédentes ont été un échec concernant les politiques du logement, ces annonces promettent donc une inflexion significative. Mais il n'est pas certain qu'elles soient réalistes, et elles suscitent un grand scepticisme, dont fait état le quotidien *La Tribune,* qui a enquêté auprès des maires de plusieurs villes et des directions de sociétés de HLM. Les leviers nécessaires à la concrétisation du nouveau projet n'ont pas été indiqués par le ministre, qui n'a rien dit de son financement ; les organismes en charge du logement social n'ont pas été consultés, et ils ne semblent pas favorables à un programme que les municipalités les plus concernées n'ont pas les moyens de mettre en œuvre. De deux choses l'une, conclut l'article de *La Tribune* : ou bien les déclarations du ministre sont fantaisistes et démagogiques, ou bien le gouvernement s'apprête à faire preuve d'autoritarisme.

Mardi 5 septembre 2017

Destination Moscou pour la première visite d'État

Marine Le Pen se rendra à Moscou dans un mois. Les liens du FN avec la Russie sont anciens, mais, au-delà, c'est un tournant diplomatique majeur, aux implications immédiates, qu'il s'agisse du Moyen-Orient ou de l'Union européenne.

Marine Le Pen ne s'était pas rendue en Allemagne au lendemain de son élection pour faire personnellement connaissance avec la chancelière Angela Merkel et pour établir avec elle de bonnes relations, comme le veut la coutume. En revanche, elle impose un tournant spectaculaire à la diplomatie française. La présidente de la République vient en effet de confirmer qu'elle effectuera son premier voyage officiel à l'étranger à Moscou le mois prochain.

Un accueil fastueux, des liens anciens

Ce sera une visite d'État, ce qui témoigne de l'importance que le Kremlin attache à sa venue. Les informations qui ont filtré de l'Élysée précisent qu'au cours des trois jours qu'elle passera en Russie, Marine Le Pen aura deux entretiens en tête à tête avec Vladimir Poutine et est invitée à l'accompagner durant une quinzaine d'heures sur un yacht qui partira de la petite ville de Taganrog en mer d'Azov pour accoster finalement à Odessa en Crimée. Le maître du Kremlin, par ailleurs, sera aussi à ses côtés lors d'une visite au célèbre monastère Saint-André, où elle pourra voir les icônes du musée Andreï-Roublev. Un dîner de prestige au Kremlin sera offert en son honneur à trois cents convives, dont la fine fleur des élites économiques et politiques russes. D'après des informations supplémentaires que distille la responsable de la communication de l'Élysée, l'acteur français Gérard Depardieu, qui est *persona grata* depuis plusieurs années en Russie, participera également à ce dîner – la présidente française se serait réjouie en privé de pouvoir rencontrer celui qu'elle tient pour un « éminent représentant de la culture française, un acteur au jeu fin, un homme bien plus élégant que ce qu'en a dit la gauche salonnarde ». L'Élysée a fait savoir son intérêt pour une autre personnalité, Edward Snowden. Le lanceur d'alerte, réfugié en Russie après avoir révélé d'immenses quantités d'informations relatives aux activités secrètes de l'administration américaine, pourrait être également invité à cette soirée de prestige, qui comportera aussi un spectacle au Bolchoï, où est programmé l'opéra de Moussorgski *Boris Godounov* – il est peu vraisemblable que Snowden donne suite à une éventuelle invitation.

Depuis longtemps, le FN et la famille Le Pen entretiennent des liens qui ne sont pas seulement symboliques avec la Russie de Poutine. Des représentants de Russie unie, le parti progouvernemental, ont à plusieurs reprises assisté à des rassemblements du parti frontiste, y compris à Lyon, en 2014, lorsque Marine Le Pen, seule candidate à sa propre succession, avait été réélue présidente du FN. Jean-Marie Le Pen avait ses entrées à Moscou, où il s'était rendu pour la première fois en 1991, et où il était lié d'amitié avec des figures bien connues de l'extrême droite russe, qu'il s'agisse d'Ilya Glazounov, un des principaux animateurs de Pamiat, un mouvement antisémite, ou de Vladimir Jirinowski, le leader nationaliste. Marine Le Pen est elle aussi une grande amie de la Russie, qu'elle a déjà souvent visitée, et elle a exprimé en public à plusieurs occasions son « admiration » et sa « loyauté » envers Vladimir Poutine, qui l'avait reçue à titre privé à l'issue de son premier conseil des chefs d'État européens. Lui au moins, indique *Le Canard enchaîné* dans son étonnante rubrique « L'Album de la comtesse », ne lui dira pas « je suis russe, il faut que tu me cèdes ». Marine Le Pen a aussi encouragé sa nièce, Marion Maréchal-Le Pen, à fréquenter l'ambassade de Russie à Paris.

Le FN avait bénéficié en 2014 d'un prêt de neuf millions d'euros de la part d'une banque russe, la First

Czech-Russian Bank (FCRB) qui n'aurait certainement pas accordé cette somme sans l'aval du Kremlin.

Mais que tout ceci nous semble loin aujourd'hui, en 2017, tant le sens de la visite de la présidente française à Moscou revêt d'autres significations, économiques et géopolitiques !

Un tournant diplomatique de première grandeur

En matière économique, il s'agit de tourner la page ouverte par François Hollande, qui avait associé la France aux décisions de l'Union européenne et des États-Unis de sanctionner la Russie pour son comportement dans la crise ukrainienne. Moscou en effet, après s'être approprié la Crimée, avait toujours soutenu les séparatistes ukrainiens à partir du moment où le gouvernement de Kiev avait choisi très démocratiquement de se tourner vers l'Europe. Du coup, la France avait singulièrement réduit ses exportations vers la Russie, notamment en matière de produits agricoles, et avait refusé de livrer deux navires de guerre commandés et financés par la Russie. Ce boycott économique prend fin, a donc décidé le gouvernement, et la France et la Russie signeront d'importants contrats, y compris d'armements, à l'occasion de la visite d'État de Marine Le Pen. Au-delà de l'enjeu économique, qui pourrait aussi comporter des dimensions énergétiques (le gaz russe demeure extrêmement compétitif), il s'agit aussi pour la France de conduire une politique démarquée de celle de l'Union européenne.

C'est pourquoi, de façon significative, le ministre des Affaires européennes, Bruno Gollnisch, fera partie de la délégation de la présidente française à Moscou, adressant ainsi à Bruxelles un message très russophile, et bien peu européen. Il sera lui-même accompagné par l'économiste souverainiste et « anti-européiste » Jacques Sapir, un bon connaisseur de la Russie, lié à diverses institutions universitaires de ce pays, un économiste qui n'a jamais caché sa sympathie pour le régime de Vladimir Poutine.

Autre dossier, essentiellement géopolitique : le Moyen-Orient, sur lequel la Russie et la France ont longtemps mis en œuvre des visions stratégiques orthogonales. Les attaques terroristes de novembre 2015 avaient déjà modifié la donne et poussé les deux États à se rapprocher. La France, soumise à de terribles attentats revendiqués par Daech, avait alors abandonné sa conception diplomatique mettant sur le même plan dans ses priorités la dictature sanguinaire d'al-Assad en Syrie et l'État islamique ; la Russie, qui venait de perdre au-dessus du Sinaï un avion, lui aussi victime du terrorisme de Daech, comme symétriquement, acceptait de faire de l'État islamique un ennemi prioritaire. Mais avec l'arrivée de Marine Le Pen, ce qui n'était qu'une inflexion devient un véritable tournant. La présidente française n'a jamais fait mystère de son inclination en faveur de la politique russe dans la région, et pas seulement. Plus anti-américaine que son père, elle demeure convaincue que l'opposition islamiste au régime syrien, même modérée, est un grand danger, aussi considérable que Daech, l'État islamique, et elle a toujours pensé que Bachar al-Assad, un leader autoritaire et laïc – deux qualités qui lui conviennent –, est le seul susceptible de résister à ces deux forces opposées. Soutenir la Russie qui elle-même soutient Bachar al-Assad, lui faciliter le maintien de sa présence militaire en Syrie, et notamment à Lattaquié, un port stratégique pour Vladimir Poutine, est tout à fait cohérent avec les orientations géopolitiques générales de l'actuel pouvoir français.

Lors de sa visite à Moscou, Marine Le Pen devrait sinon conclure, du moins jeter les bases d'un accord franco-russe de coopération politique, une alliance qui pourrait être ratifiée à l'occasion d'une visite de Vladimir Poutine à Paris, en 2018. Ce projet, qui rappelle une page de l'histoire des deux pays, entre 1892 et 1917, suscite une vive émotion en Europe centrale, où plusieurs pays qui pourraient s'aligner sur la France parce qu'ils sont eux-mêmes dirigés par des gouvernements proches idéologiquement de leur homologue français, à commencer par la Hongrie de Viktor Orbán et la Pologne d'Andrzej Duda, ne sont pas moins hostiles à tout rapprochement avec la Russie : ils n'oublient pas ses comportements historiques prédateurs, ne serait-ce qu'à l'époque de l'Union soviétique où elle les a annexés et dominés. Le projet d'accord franco-russe fragilise encore davantage l'Union européenne, déjà bien en crise, en rendant impossible toute action coordonnée sur des enjeux internationaux, diplomatiques ou militaires. Et il préfigure une décision importante : la sortie de la France de l'OTAN.

Il ne s'agira donc pas seulement de mondanités entre chefs d'État l'un et l'autre autoritaires.

Jeudi 21 septembre 2017

Benyamin Netanyahou reçu à l'Élysée

Qui peut encore soupçonner Marine Le Pen d'antisémitisme ? En dix ans, son parti a donné l'image d'une ouverture croissante à l'égard des Juifs, attitude qui se traduit par un rapprochement spectaculaire avec le chef de l'État d'Israël sur fond de hantise de l'islam.

Le Premier ministre israélien Benyamin Netanyahou sera reçu cet automne en grandes pompes à Paris pour une visite d'État, la première d'un chef d'État étranger depuis l'élection de Marine Le Pen à la présidence de la République. L'annonce n'a pas surpris, certes, elle n'en est pas moins un véritable choc : le parcours accompli depuis le milieu des années 2000 par l'extrême droite au sujet des Juifs, de l'antisémitisme et de l'État hébreu mérite d'être retracé.

Le rapprochement idéologique du FN avec la communauté juive

En 2005, au lendemain d'émeutes urbaines qui avaient éclaté dans de nombreuses banlieues, le FN avait discrètement tenté de nouer des liens avec les segments les plus réactionnaires de la communauté juive. Ces violences exprimaient l'indignation consécutive à la mort par électrocution de deux jeunes pourchassés par la police et réfugiés dans un poste électrique. Elles étaient imputées par l'extrême droite et ses intellectuels plus ou moins compagnons de route à des groupes « ethniques » et avaient suscité des commentaires étonnants de la part d'un essayiste, Alain Finkielkraut, qui avait parlé des émeutiers en des termes allant droit au cœur d'une partie des Juifs de France, tout comme à celui des sympathisants du Front national. L'intellectuel public, dans ce contexte, avait aussi trouvé à peu près les mêmes mots que Jean-Marie Le Pen quelques années plus tôt pour qualifier dans le quotidien israélien *Haaretz* l'équipe de France de football et ses joueurs noirs – dont l'équipe « black black black » était selon lui « la risée de toute l'Europe ».

Le meurtre à la fois crapuleux et antisémite d'Ilan Halimi, un jeune Juif kidnappé et laissé mort par le « gang des barbares » dirigé par Youssouf Fofana en janvier 2006, avait encouragé quelques membres du FN à envisager un rapprochement avec des organisations juives comme le Bétar ou la Ligue de défense juive, qui avaient fait preuve dans ce contexte d'une certaine capacité de mobilisation au service de l'action contre l'« islamisation » de la France. Un syndicat de police dissident de la CFTC, Action Police, dont l'avocat n'était autre que Gilbert Collard, aujourd'hui garde des Sceaux, avait été particulièrement actif dans ces ébauches de rapprochement.

Dès son accession à la tête du FN, Marine Le Pen avait voulu établir des contacts avec l'État d'Israël, et accentuer ce processus de création d'un lien avec l'électorat juif en France. Elle avait rencontré l'ambassadeur d'Israël aux États-Unis, dans des conditions en fait bien troubles, et tenté, en vain, de se rendre en Israël en voyage officiel. Son compagnon, Louis Aliot, alors vice-président du FN et aujourd'hui porte-parole du gouvernement, s'était rendu discrètement en Israël en 2011.

Ainsi, la fille de Jean-Marie Le Pen qui, lui, fut condamné pour incitation à la haine raciale, se prépare à accueillir le chef de l'État hébreu, parachevant un processus qui a mûri au fil des dix dernières années. Les liens étroits de la communauté juive de France avec Israël, dans ce qu'elle a de plus structuré, font que cette annonce revêt un sens à la fois géopolitique et intérieur.

Le nouvel antisémitisme et la hantise de l'islam

Marine Le Pen soutient donc la politique d'Israël, îlot non musulman au cœur du Moyen-Orient ; certains observateurs considèrent que l'intérêt d'Israël est que survive le régime syrien de Bachar al-Assad, avec lequel les relations étaient relativement stabilisées et prévisibles, et qui, dans cette perspective, est préférable aussi bien à l'État islamique de Daech qu'à l'opposition syrienne musulmane à al-Assad. Ce qui voudrait dire que l'alliance franco-russe, vue sous cet angle, n'est pas un problème majeur pour Israël. Et s'il s'agit de la politique intérieure française, le monde juif vibre largement à l'unisson avec l'État d'Israël, malgré des exceptions dont la plus notoire est Edgar Morin, un grand intellectuel très critique vis-à-vis de l'État hébreu – ce qui lui vaut d'être proscrit des pages « Livres » du quotidien *Le Monde*.

De plus, la hantise de l'islam et du « nouvel antisémitisme », celui que l'on rencontre au sein de l'immigration, notamment maghrébine, depuis une trentaine d'années, est vive dans l'électorat juif. Le CRIF, qui fédère une cinquantaine d'organisations juives, a été longtemps présidé par Roger Cukierman, qui avait déclaré en 2015, dans le contexte de son dîner annuel, trouver Marine Le Pen « personnellement irréprochable », ouvrant une voie élargie aux contacts du Front national avec le monde juif.

Avec la visite d'État de Benyamin Netanyahou, le pouvoir va donc être lavé de tout soupçon d'antisémitisme. Le CRIF, après les élections régionales de 2015 où il s'était prononcé explicitement contre le FN, avait connu de vives tensions internes et même encouru des risques d'éclatement, comme si sa droitisation, impressionnante depuis une quinzaine d'années, avait atteint ses limites. Mais au-delà de l'apparent consensus, en surface, ce sont les courants les plus favorables à une grande compréhension vis-à-vis de

Marine Le Pen qui l'ont emporté à la fin de 2016. Le nouveau président du CRIF, l'avocat Gilles-William Goldnadel, qui incarne les tendances les plus droitières du monde juif de France, a été reçu à plusieurs reprises à l'Élysée, on sait déjà qu'il aura une place d'honneur au dîner de gala qui sera offert au Premier ministre d'Israël. Des accords économiques seront signés lors de cette visite. La législation interdit déjà les appels au boycott de cet État : le gouvernement annonce un pas de plus, la dissolution pure et simple de BDS (Boycott, désinvestissements, sanctions), créée pour obliger Israël à modifier sa politique vis-à-vis des Palestiniens et dont le fondateur, Omar Barghouti, avait expliqué qu'il vise à mettre fin à l'existence d'Israël en tant qu'État pour les Juifs. Des mesures de police visant à renforcer la sécurité des Juifs de France sont à l'étude, incluant une sorte de fichage de tous les musulmans de France, à l'image de ce que Robert Ménard, aujourd'hui ministre de l'Intérieur, de l'Immigration et de la Laïcité, avait en 2015 dit pratiquer dans les écoles de la ville de Béziers dont il était maire. Les statistiques ethniques ne font pas partie du bagage idéologique du FN, mais elles ne sont pas un problème pour le pouvoir s'il s'agit de sécurité. Éric Zemmour, l'ami de Robert Ménard, est maintenant ministre de l'Éducation nationale, et il a indiqué « travailler sur ces questions en grande entente avec le ministre de l'Intérieur – nos écoles doivent être le point de départ de la reconquête de l'identité nationale ».

En contrepartie, Benyamin Netanyahou devrait faire savoir qu'il cessera d'encourager l'*alya* des Juifs de

France (leur « montée » vers Israël), et qu'il indiquera nettement apprécier les efforts du pouvoir dans sa lutte contre l'antisémitisme. Il est prévu qu'il ira s'incliner avec Marine Le Pen sur la tombe d'Ilan Halimi, et qu'ils se rendront ensemble à Toulouse, dans l'école devant laquelle trois enfants et un enseignant juifs avaient été assassinés par l'islamiste Mohamed Merah en mars 2012.

Alain Finkielkraut ne sera pas ambassadeur de France en Israël

Dans ce climat, un propos de Marine Le Pen, s'exprimant en « off » – mais on sait qu'en France les journalistes ne respectent pas toujours ce principe –, a suscité quelques vagues. La présidente, en effet, a indiqué qu'Alain Finkielkraut ferait « un excellent ambassadeur en Israël de la France et de nos orientations ». L'académicien avait déjà récemment fait preuve d'irritation sur TF1 en découvrant un reportage où d'anciens élèves de l'École polytechnique racontaient comment il avait été « entarté » lors de son dernier cours, trois ans plus tôt, façon peu amène de saluer son départ. Il s'y était dit victime d'une sorte de « pogrome anti-intellectuel », d'une « défaite de la pensée le visant spécifiquement ». L'hypothèse suscitée par la remarque de la présidente lui a semblé alimenter à nouveau une persécution calomnieuse. Tourmenté, le visage défait, il a donné à entendre un discours contradictoire sur le plateau de « On se couchera plus tard », la nouvelle « grande émission intellectuelle et littéraire de France 2 », où il était invité par l'animateur Laurent Ruquier, en même temps que le ministre de l'Éducation, Éric Zemmour, la chanteuse Vanessa Paradis, qui vient de publier ses Mémoires, le footballeur Zinédine Zidane, pour son livre d'entretiens *Mes plus beaux matchs... et mes pires souvenirs*, et l'économiste Jacques Sapir pour son dernier livre sur la Russie. Il a d'un côté martelé son rejet de ce qui fut longtemps à ses yeux le FN, rappelant les propos qualifiés d'antisémitisme de Jean-Marie Le Pen, et il s'est inquiété de choix économiques « qui n'ont pour l'instant ni relancé la croissance ni endigué le chômage » – suscitant un commentaire critique de Sapir, pour qui « l'économie est un paquebot, et non pas un canot que l'on fait virer de bord en moins de temps qu'il n'en faut pour le dire ». Il s'en est pris également au tropisme « poutinien » de la présidente. D'un autre côté, il a multiplié les remarques témoignant de sa proximité idéologique avec le pouvoir, qu'il s'agisse d'éducation et d'identité nationale – « Il n'y a jamais eu de nation sans préférence nationale, c'est évident » –, Éric Zemmour buvait du petit-lait et le lui a signifié en lui lançant un vibrant « Bienvenue au club ! » ; de lutte contre l'« islamisation qui a cessé d'être rampante pour devenir un phénomène de masse sous la gauche » ; de souverainisme, ou bien encore de soutien à l'État d'Israël « malgré une politique qui n'est pas la mienne ». Sous les yeux stupéfaits de Zidane, il s'est aussi réjoui de voir le « multiculturalisme totalement exclu pour la France, qui doit afficher son amour de la République et son intransigeance en matière de laïcité », car jusqu'à l'élection de Marine Le Pen, « la France ne se métissait pas, elle se fragmentait ». Il a enfoncé le clou : « Quelqu'un – un nouvel arrivant – qui vous dit : "Je suis aussi français que vous" vole la France de toute réalité. » De contradictoires, ses propos ont pu sembler incohérents, tant l'intellectuel, dont le rictus revêtait un tour pathétique, justifiant la compassion, oscillait entre soutien et critique du pouvoir, comme torturé, enfermé dans des dilemmes impossibles à trancher. Il ne sera à l'évidence pas l'ambassadeur de la France en Israël, mais on ne peut pas dire non plus qu'il s'oppose au pouvoir actuel, dont il partage, *volens nolens*, de larges pans de l'idéologie.

Jeudi 21 septembre 2017

« Nous sommes tous des musulmans »

Les étudiants de Nanterre ont déclenché un mouvement qui s'étend à l'ensemble du territoire. Ils refusent des mesures relatives à la pratique de l'islam dans l'université, et se disent « tous musulmans ».

Après une période initiale de fortes tensions sociales, le gouvernement mis en place par Marine Le Pen a bénéficié d'une accalmie, comme si la société finalement s'acclimatait au cours nouveau de la politique en France. Les grévistes de la télévision et de la radio publiques étaient rentrés dans le rang, les étudiants aussi. Mais sous le calme apparent, le feu couvait, et soudain, les universités se sont embrasées.

Nanterre entre en grève

La mobilisation a en effet redémarré à l'Université Paris-Ouest Nanterre-La Défense – autrement dit : Nanterre. Les lieux ont bien changé par rapport au printemps 1968, quand une vive agitation régnait sur ce tout jeune campus, posé à proximité d'un bidonville depuis disparu. L'université jusqu'à ces derniers jours était paisible, en dehors de quelques tensions vite retombées il y a plusieurs semaines, contrecoup de l'élection de Marine Le Pen. On n'y avait noté aucun mouvement significatif, aucune contestation d'une certaine ampleur depuis de nombreuses années, et les noms de Dany Cohn-Bendit, qui avait étudié à Nanterre, ou du mouvement du 22 Mars, préfiguration du mouvement de Mai, étaient passés de la mémoire à l'histoire, souvenirs lointains sans lien avec le présent.

C'est une décision apparemment mineure qui a mis le feu aux poudres. À la demande du ministre de l'Enseignement supérieur et de la Recherche, Gaëtan Dussausaye, le président de la « Comue » – communauté d'universités et d'établissements – Paris-Lumières, une communauté universitaire qui fédère l'université Paris-Ouest Nanterre-La Défense avec une douzaine d'autres établissements d'enseignement supérieur, a invité les membres de la Comue, comme d'autres, à veiller à une application stricte du principe de laïcité sur deux points : les repas servis dans des locaux universitaires, et plus précisément la viande qu'il ne faut pas acheter « halal », et la suppression de lieux de prière apparus ces dernières années et plus ou moins tolérés jusqu'ici.

La mesure semblait pouvoir être mise en application sans contestation majeure, tant le monde universitaire était apparemment amorphe, lorsqu'un syndicat étudiant, l'AGEN (Association générale des étudiants de Nanterre) a diffusé par tract et sur les réseaux sociaux un appel à la refuser. L'AGEN est marquée à gauche de la gauche, elle avait dans le passé soutenu diverses causes, palestinienne notamment, avec une tonalité marxisante, et son audience était limitée. Mais cette fois-ci, la mobilisation a été immédiate, et massive. L'AGEN a touché juste en soutenant « nos camarades musulmans qui veulent poursuivre leurs études tout en respectant leur foi », « qui ne causent aucun trouble, ni par leurs prières, ni par leur alimentation, qui doit simplement être conforme à leur religion ».

La conférence de presse de l'AGEN et l'extension du domaine de la lutte

Le président de l'AGEN, un étudiant en droit à l'évidence trotskiste, au cours d'une conférence de presse relayée par l'agence France-Presse, a remis à sa place le journaliste du *Monde* en charge des pages « Idées » qui, du haut de ses connaissances en histoire et en philosophie sociale, se faisait fort de le pousser dans ses retranchements en le questionnant : comment, lui a-t-il demandé, un marxiste comme vous peut-il soutenir des revendications en faveur de l'islam, alors que Marx a dit que la religion, c'est l'opium du peuple ? L'étudiant a donc appris au journaliste que pour Marx, la religion est aussi et d'abord « le soupir de la créature opprimée », et il l'a renvoyé pour plus de précisions à la *Critique de la Philosophie du droit de Hegel* de 1843, mettant les rieurs et les personnes cultivées de son côté. L'incident a suscité quelques tensions internes au *Monde* : lors de la conférence de rédaction d'aujourd'hui, le directeur, agacé, a regretté « qu'un responsable de rubrique ne lise pas les livres d'un autre responsable », il faisait allusion à un ouvrage de Jean Birnbaum sur ce thème.

Au cours de la même conférence de presse, qui tenait autant de l'assemblée générale que de la rencontre avec des journalistes, il a annoncé que l'AGEN en appelait à la grève « illimitée, avec occupation des locaux » aussi longtemps que les demandes du ministre ne seraient pas rapportées. Dans un amphi survolté, cet appel a suscité l'enthousiasme, et dans les heures qui suivaient, on apprenait que le mouvement gagnait d'autres universités parisiennes, et, un peu plus tard, qu'il s'étendait en régions.

En même temps, le mouvement de Nanterre, comme on l'appelle, d'une part se lestait de thématiques élargies, et d'autre part accumulait les soutiens. L'extension de la lutte est d'abord venue d'enseignants et de chercheurs, votant eux aussi pour la grève illimitée. On a pu à cette occasion mesurer toute la distance qui sépare la vie médiatique des intellectuels publics, ces bateleurs que les médias se complaisent à mettre en avant, et celle, discrète certes, mais autrement plus conséquente intellectuellement, de la recherche scientifique, de la rigueur, parfois de l'érudition telles qu'on les pratique dans les établissements universitaires ou les unités du CNRS. D'un coup, Michel Houellebecq, Élisabeth Lévy, Pascal Bruckner et quelques autres se sont alors déchaînés contre le mouvement de Nanterre : « une orgie en faveur d'un islam débridé ». Alain Finkielkraut, sur un plateau de LCI a déploré, cette fois-ci, « une nouvelle avancée de l'islamo-progressisme », tandis que des dizaines de milliers d'enseignants et de chercheurs se reconnaissaient dans l'action déclenchée par l'AGEN.

« Nous sommes tous des musulmans »

La soudaineté et l'intensité de cette mobilisation en font la première à contester aussi clairement et fortement les orientations du pouvoir en place. Partie d'un enjeu précis, en effet, la thématique de la lutte en inclut désormais beaucoup d'autres. Le mouvement veut une société ouverte, tolérante, solidaire, il rejette le racisme à peine déguisé de mesures visant l'islam et les musulmans. « Nous sommes tous des musulmans », dit leur slogan favori, clin d'œil aux étudiants de 68, qui, en soutien à Daniel Cohn-Bendit, avaient défilé en scandant « Nous sommes tous des Juifs allemands ». Les acteurs sont aussi très critiques vis-à-vis des médias qui selon eux ont fait le lit de Marine Le Pen. Ils se réclament parfois des luttes du type « Indignados » ou « Occupy Wall Street » qui se sont développées au début des années 2010 dans plusieurs pays – mais pas en France, d'où pourtant provient l'expression même « Indignez-vous », lancée en son temps par Stéphane Hessel. Les étudiants se tiennent à distance absolue des partis politiques, du PS « qui nous a amené le FN », comme du Front de gauche.

Le mouvement qui s'étend comporte aussi des dimensions culturelles. On y pratique de nouvelles façons de délibérer de manière démocratique, en assemblée, avec éventuellement le recours à Internet et aux réseaux sociaux. Les occupations d'universités sont l'occasion d'afficher une solidarité, de mettre en œuvre une contre-culture concrète, de parler de l'invention d'une autre société, d'un autre monde, au sein duquel les préoccupations écologistes ne sont pas absentes. On débat beaucoup de thèmes français, mais aussi de relations internationales, et notamment à propos du Moyen-Orient.

Enfin, les étudiants en grève ont reçu un renfort tout à fait inattendu de la part de Carla Bruni, l'épouse de Nicolas Sarkozy, qui est une chanteuse de talent, mondialement connue, et qui a participé à un gala de soutien à leur action – on ignore s'il s'agit d'une initiative strictement personnelle, ou concertée avec l'ancien chef d'État – et alors, dans quel but ? Toujours est-il qu'elle a obtenu un franc succès.

Mais s'il fait tache d'huile, le mouvement de Nanterre se heurte aussi à une difficulté majeure : comment trouver des débouchés, un traitement institutionnel, comme faire reculer le pouvoir, qui est légitime puisque fruit d'élections démocratiques, et alors même que l'on se tient à l'écart des partis politiques ? Un article paru dans *Libération* et cosigné de Dany Cohn-Bendit et Alain Geismar fait état d'une grande compréhension, mais aussi de préoccupations : comment la mobilisation sociale et culturelle des étudiants pourrait-elle se transformer en victoire politique démocratique ? Les deux principaux leaders de Mai 68 ne donnent aucune leçon, ils se situent du point de vue du mouvement actuel, qui agit dans un contexte de décomposition de la gauche et de déclin du syndicalisme, l'une et l'autre bien incapables de le relayer. Inquiets, ils craignent que le pouvoir laisse pourrir la mobilisation, qui après une première phase d'extension, risquerait alors la décomposition, la fragmentation, et peut-être le passage de certains dans ce que Geismar, au début des années 1980, avait appelé l'« engrenage terroriste ».

Pour l'instant, on n'en est pas là. Des manifestations sont annoncées dans toutes les villes universitaires, et à Paris, il est question d'un immense rassemblement devant la Sorbonne. Le pouvoir semble décidé à ne pas céder, mais il est embarrassé : la jeunesse étudiante est l'avenir du pays, rien ne serait plus catastrophique que des affrontements entre elle et les forces de l'ordre. Le spectre de Malik Oussekine, mort en 1986 du fait de violences policières lors d'une manifestation étudiante, rôde dans les mémoires, le pouvoir sait fort bien que le gouvernement avait dû à l'époque ajourner une réforme universitaire et démettre le ministre Alain Devaquet, dont la carrière politique avait été sinon brisée du moins enrayée.

Le mouvement de Nanterre est pour l'instant circonscrit à la sphère universitaire. Mais des reportages publiés dans *L'Express* et *Le Point* font apparaître une réelle sensibilité aux événements dans les quartiers populaires, et plus particulièrement au sein de l'immigration. Pour la première fois depuis l'élection de Marine Le Pen à la tête de l'État, une attitude compréhensive s'exprime vis-à-vis des musulmans, dans un secteur important de la société. Des liens s'esquissent entre les deux univers, celui des quartiers d'exil, et celui du mouvement universitaire. Des étudiants, surtout lorsqu'ils proviennent d'universités localisées en banlieue, et dont certains sont eux-mêmes issus de l'immigration, organisent des rencontres et des débats dans ces quartiers – la peur n'y a pas disparu, certes, mais à l'évidence, elle n'a plus le monopole des émotions et des sentiments.

Mercredi 27 septembre 2017

La France reste (pour l'instant) dans l'Europe

Marine Le Pen pourra-t-elle longtemps conduire une politique qui s'écarte de ses promesses de campagne ? La situation économique rend difficile de parler de sortie de l'euro, et Denis Kessler qui appartient au patronat le plus ouvert à la mondialisation vient de critiquer vertement Jacques Sapir, dont les analyses sont très suivies par le pouvoir. La stratégie du gouvernement consiste à exiger beaucoup de Bruxelles, sans pour autant rompre explicitement. Mais personne n'est dupe, l'Élysée est dans l'embarras.

Avant même d'arriver au pouvoir, Marine Le Pen avait infléchi son propos sur l'Europe et sur l'euro : en contradiction avec son attitude durant le sommet des chefs d'État européens en juin dernier, quand elle s'était montrée sans nuances pour la majorité des participants, à commencer par l'Allemagne, elle vient de confirmer cette inflexion à l'occasion d'un entretien avec un journaliste des *Échos*, en dressant la liste des exigences formulées par la France pour rester dans l'euro, et par voie de conséquence dans l'Union européenne.

Une politique européenne devenue intenable

En fait, il s'agit pour elle de gérer tant bien que mal un dilemme, un ensemble d'éléments inconciliables. D'une part, l'électorat de l'extrême droite et des forces qu'elle a su intégrer au Parlement et au gouvernement attend d'elle qu'elle tienne ses promesses de campagne. Beaucoup ont voté pour Marine Le Pen, puis pour son parti et ses alliés, sur une base protestataire incluant l'idée que les malheurs du peuple et de la nation proviennent pour une bonne part de l'Europe et de sa monnaie. De plus, la politique internationale du pouvoir est clairement hostile aux orientations dominantes en Europe, et plus particulièrement à tout ce qui renvoie aux tendances hégémoniques de l'Allemagne, qui s'est illustrée en prenant le leadership dans les grands dossiers des dernières années : crise grecque, crise des réfugiés notamment. Pour Marine Le Pen, l'alliance franco-russe est importante, alors que l'appartenance à l'Union européenne est un problème. Dans cette perspective, qu'il s'agisse de son électorat, qu'il ne faudrait pas décevoir au risque sinon de voir surgir de vives critiques de type souverainiste, ou qu'il s'agisse des relations internationales, la politique du pouvoir actuel devrait conduire à une sortie sinon rapide du moins vite engagée de l'euro et de l'Europe.

Mais d'autre part, la situation économique n'a cessé de se dégrader depuis l'arrivée de Marine Le Pen au pouvoir. Le cours des actions françaises est au plus bas, et, plus grave, les marchés financiers ont cessé d'accorder leur confiance à la France, qui doit désormais s'endetter à des taux de plus en plus élevés – ils ont été pratiquement multipliés par deux en trois mois. La croissance n'est pas revenue, le chômage se situe aux environs de 12 %, un chiffre supérieur de deux points à celui des derniers mois de la présidence de François Hollande, qui lui-même avait échoué dans son projet d'en inverser la tendance à la hausse.

Les économistes engagés polémiquent. Denis Kessler critique Jacques Sapir

Les économistes les plus favorables à la sortie de l'euro – quand ils font abstraction d'un problème encore plus vaste, qui est que quitter l'Union pourrait en être indissociable – font valoir l'expérience de l'Argentine, qui en se détachant du dollar à l'occasion d'une crise violente, économique, financière et sociale, avait bénéficié d'une grande bouffée d'oxygène. Jacques Sapir était dans un passé récent très écouté d'Henri Guaino aujourd'hui ministre de l'Économie et des Finances, auquel le lie une vieille amitié : quand l'existence du centre de recherches dirigé par l'économiste avait été mise en cause pour des raisons institutionnelles, en 2005, Henri Guaino, à l'époque conseiller du président Nicolas Sarkozy, avait personnellement veillé à sa survie.

Sur son blog, Jacques Sapir argumente : l'erreur de l'Argentine, qui ensuite a sombré dans les difficultés économiques, n'avait pas été de dévaluer, c'est-à-dire de se détacher du dollar, et de se déclarer insolvable, elle avait été de ne pas rapidement mettre en œuvre les réformes qu'autorisait le bol d'air lié à son départ. Mais l'amitié souverainiste est une chose, le projet de sortir de l'Europe en est une autre, et il n'est pas certain qu'Henri Guaino suive Sapir sur ce terrain.

Et pendant que les théoriciens affûtent leurs arguments, les milieux d'affaires et le patronat, à commencer par le Medef, sa principale organisation professionnelle, constatent que l'économie française est en perdition, que les entreprises n'ont plus les moyens d'emprunter sur les marchés, tant les taux sont désormais élevés, qu'elles manquent cruellement de ressources financières. Dans un article véhément paru dans *La Tribune,* sous le titre « La potion empoisonnée du bon docteur Sapir », Denis Kessler, figure emblématique d'un patronat ouvert aux idées néolibérales, explique chiffres à l'appui qu'une sortie de l'euro verrait l'économie française s'effondrer purement et simplement, et qu'après la décision catastrophique de la Grèce de finalement sortir de l'euro, alors qu'on avait pu croire jusqu'en juillet 2017 qu'elle empruntait un tout autre chemin, et à quelques semaines d'un référendum où les Britanniques risquent de voter contre le maintien du Royaume-Uni dans l'Union européenne, suscitant de vives inquiétudes sur les marchés financiers et un léger affaissement de la livre, « notre pays serait bien mal inspiré de suivre les bavardages irrationnels de Sapir ».

Denis Kessler se dit conscient des erreurs commises par les promoteurs de la monnaie unique « qui dans les années 1980, à la suite de Jacques Delors et de Pascal Lamy, ont cru à tort à une convergence politique et économique qui aurait été suscitée par l'euro, comme par magie ». Il souligne qu'une sortie de la France de l'euro signifierait la fin de cette monnaie, pour tous les pays qui l'avaient adoptée, et un approfondissement sans pareil de la crise économique, financière, politique, sociale et morale de l'Europe, dans son ensemble, comme de chacun des pays qui la composent. Il est vrai que la parole de Denis Kessler n'est guère audible pour nombre de petits entrepreneurs, et que la CGPME (Confédération générale des petites et moyennes entreprises) ne se retrouve qu'en partie dans son propos qui est surtout apprécié des responsables de grandes entreprises. Le patronat français n'est pas unifié s'il s'agit de l'économie mondiale ou de l'Europe, et il est difficile de savoir si le pouvoir actuel, où une partie de la droite classique a trouvé sa place, peut tenir un discours cohérent face aux attentes contradictoires des petits entrepreneurs, des dirigeants de grandes firmes, et de son électorat populaire. Il y a là une source de difficultés pour Marine Le Pen et le gouvernement.

Une stratégie plus confuse que complexe

Ayant soupesé le pour et le contre au cours d'une réunion à laquelle participaient notamment les ministres Henri Guaino et Bruno Gollnisch, Marine Le Pen a confirmé sa position, qui n'est pas pour autant complètement clarifiée : ne pas se mettre en faute par rapport à l'Union européenne et, par conséquent, ne pas parler explicitement de sortir de la zone euro, car « sinon les sanctions seraient extrêmement coûteuses économiquement, et politiquement dévastatrices [...] ; d'ailleurs, les traités nous interdisent de quitter l'une sans quitter l'autre ». En revanche, elle demandera lors de la prochaine réunion de chefs d'État du Conseil européen que soit renégocié le mandat de la Banque centrale européenne, et que soit envisagé un système de double monnaie, chaque pays pouvant disposer de la sienne propre (le franc pour la France), qui pourrait être échangeable avec une monnaie commune – une sorte d'euro bis. Elle exigera aussi que la contribution de la France au budget européen soit ramenée « dans un premier temps à la moitié de ce qu'elle est actuellement », donnant plusieurs exemples de « l'injustice programmée par la droite et la gauche depuis trente ans ». Ce qui est exorbitant et ne pourra être perçu que comme une provocation par les autres chefs d'État. Elle a même commencé à roder son discours, et à préparer ses arguments. Ainsi, s'appuyant sur des chiffres fournis par l'European Research Council (ERC), elle a montré que dans plusieurs domaines, la France bénéficie « bien moins que l'Angleterre, l'Allemagne ou même les Pays-Bas des financements destinés à la recherche scientifique, ce qui permet aux universités de ces pays de prospérer sur notre dos : est-ce normal, est-ce sain ? » s'est interrogée Marine Le Pen, qui a aussi parlé de « ramener à leur juste place les coopérations européennes ».

À l'évidence, Marine Le Pen n'est pas à son aise avec l'analyse économique, et ses explications, de fait mal documentées s'il s'agit de l'ERC, ont été un tant soit peu confuses. On ne voit pas comment elle pourrait imposer à ses partenaires européens l'idée d'une double monnaie, des modifications substantielles du mandat de la BCE ou la révision des traités qui lient la France à l'Union européenne. Sa seule arme était la menace d'une sortie de l'Europe, mais cette arme n'est pas facile à employer, il lui faut bien en convenir, mieux vaut même pour elle ne pas trop la brandir, ne serait-ce que parce qu'elle braque les milieux d'affaires.

Si la présidente donne cette impression de malaise, c'est surtout parce qu'elle sait fort bien que non seulement elle risque de ne pas respecter un de ses engagements de campagne, en fait un quasi-engagement, une semi-promesse, mais qu'en plus elle ne peut espérer à court ou moyen terme aucune amélioration significative sur les fronts du chômage ou de la croissance. La politique économique qu'elle porte semble confuse, contradictoire, une fois écartées les mesures ou annonces au sujet de l'Europe, bien difficiles à concrétiser. Aura-t-elle recours à un référendum sur la sortie de l'Europe et de l'euro, comme elle l'a parfois laissé entendre dans le passé ? Si oui, quand ?

À l'épreuve du pouvoir, Marine Le Pen ne peut plus se payer de mots, et abreuver son électorat de belles paroles, il lui faut maintenant démontrer sa capacité à tirer la France hors de l'ornière où elle s'enferre depuis des lustres. Le discours populiste, qui concilie sur un mode imaginaire ce qui dans la réalité est inconciliable, lui a permis d'accéder au pouvoir : la présidente découvre que c'est autre chose de l'exercer.

Mardi 3 octobre 2017

Rupture avec l'OTAN

La France a décidé de se retirer de l'OTAN, et l'annonce en a été faite avec une tonalité gaullienne. En fait, il ne s'agit pas d'une rupture complète, mais d'un désengagement partiel. Toujours est-il que la diplomatie française, en s'alignant sur celle de Moscou, préoccupe dans le camp même de Marine Le Pen ceux qui s'inquiètent pour l'indépendance nationale.

Marine Le Pen décevra-t-elle sa base électorale à propos de l'OTAN, comme elle commence à le faire avec l'Europe ? L'idée de rompre avec l'OTAN est classiquement un thème communiste ou d'extrême gauche, bien plus qu'une idée chère à l'extrême droite. Mais la guerre froide est depuis longtemps derrière nous, les temps ne sont plus à l'anticommunisme, un cheval de bataille qu'aimait bien enfourcher Jean-Marie Le Pen, et la hantise de l'Union soviétique a laissé la place à une alliance franco-russe qui désormais constitue l'axe central de la diplomatie française.

L'évocation du général de Gaulle, les yeux tournés vers Moscou

L'OTAN – Organisation du traité de l'Atlantique Nord – avait été créée au lendemain de la Seconde Guerre mondiale pour assurer sous hégémonie nord-américaine la défense de l'Europe. Alliance défensive, militaire, elle comptait au départ une douzaine de pays, et s'est considérablement étendue depuis, rassemblant sur une base politico-militaire et plus seulement militaire près de trente pays, dans le Golfe, en Asie ou en Afrique et pas seulement de part et d'autre de l'Atlantique Nord. La France du général de Gaulle avait quitté le commandement intégré de l'OTAN en 1966, celle de Nicolas Sarkozy l'a réintégré en 2009.

Marine Le Pen a choisi l'université Paris-Dauphine – qui n'est guère affectée par le mouvement étudiant parti de Nanterre – pour annoncer « le retour à une politique de souveraineté nationale ». Ce choix n'a pas été effectué au hasard : cette université, créée dans la foulée de Mai 68, est installée dans les locaux qui servaient auparavant de siège parisien de l'OTAN. Alors que son parti avait été viscéralement anti-gaulliste dès sa naissance et que les groupuscules qui lui ont donné naissance en se rapprochant en 1972 comptaient en leur sein des partisans de l'OAS, y compris des activistes proches des auteurs de l'attentat du Petit-Clamart, où de Gaulle avait échappé de justesse à la mort, Marine Le Pen effectue un virage à cent quatre-vingts degrés. Ce tournant avait déjà été esquissé par celui qui est aujourd'hui son Premier ministre, Florian Philippot, dont les pèlerinages à Colombey-les-Deux-Églises, une première fois le 9 novembre 2014, à l'occasion du quarante-quatrième anniversaire de la mort du général de Gaulle, n'étaient pas passés inaperçus.

Marine Le Pen à l'université Paris-Dauphine a cité abondamment le Général, qui avait déclaré en 1966 : « La France se propose de recouvrer sur son territoire l'entier exercice de sa souveraineté, actuellement entravé par la présence permanente d'éléments militaires alliés ou par l'utilisation habituelle qui est faite de son ciel, de cesser sa participation aux commandements intégrés et de ne plus mettre de forces à la disposition de l'OTAN. » Elle a affirmé ne plus accepter de voir ses armées se soumettre à un commandement où la voix de la France se perd parmi beaucoup d'autres « qui d'ailleurs parlent tous en anglais », et souhaite « ne plus avoir à combattre pour des intérêts géopolitiques et économiques qui ne sont pas les nôtres ».

Elle a trouvé des accents anti-américains pour justifier sa décision, et indiqué au passage qu'elle trouve « inacceptable de devoir supporter à deux pas de l'Élysée une station d'espionnage qui nous surveille nuit et jour – c'est ce que les socialistes appelaient "l'amitié avec le peuple américain" », a-t-elle ironisé. Elle faisait allusion à la présence, sur le toit de l'ambassade américaine à Paris, d'équipements de télécommunication et d'écoute que François Hollande n'avait pas jugé bon de véritablement contester.

La dernière émission de « C dans l'air », supprimée désormais à la demande du pouvoir qui ne tolérait pas la liberté de parole qui y régnait, était consacrée précisément à ce dossier. Les quatre invités d'Yves Calvi, des spécialistes de géopolitique, de défense et de diplomatie, ont souligné que le pouvoir n'a ni les moyens ni l'intérêt de concrétiser les propos de la présidente à propos des écoutes, ce serait mettre en cause l'existence même de l'ambassade des États-Unis et les règles du jeu en matière de relations internationales. Ils ont aussi et surtout indiqué que le nouveau cours diplomatique et militaire allait affaiblir la capacité d'action de la France, qui n'a plus la possibilité d'une grande politique indépendante, ni les moyens financiers, ni les ressources technologiques.

La sortie de l'OTAN confirme à l'évidence l'alliance franco-russe et accentue le travail de sape qui en découle, visant à déstructurer l'Europe, dont la défense s'était de plus en plus confiée à l'OTAN, avec notamment plusieurs bases militaires en fait américaines dans des pays de l'ancien empire soviétique, et l'installation d'un bouclier de missiles anti-missiles à proximité des frontières russes.

Une rupture limitée

Mais en réalité, comme la décision du général de Gaulle en 1966, celle d'aujourd'hui ne constitue pas une véritable rupture. La France ne peut pas remettre en cause son engagement à prendre part à la défense collective de l'Alliance, il s'agit aujourd'hui comme hier, et comme avait dit de Gaulle, « de modifier la forme de notre alliance sans en modifier le fond ». Surtout, Marine Le Pen s'est bien gardée d'évoquer les exigences que Nicolas Sarkozy avait formulées au moment de la réintégration de la France dans la structure militaire de l'OTAN : maintien de l'indépendance nucléaire, préservation d'une liberté totale d'appréciation pour les contributions françaises à d'éventuels engagements militaires, aucune force française ne pouvant être placée en permanence sous le gouvernement de l'OTAN. Le retour de la France n'avait pas été un changement aussi profond qu'on pourrait le penser, et son départ annoncé ne l'est pas davantage.

Il y a dans la décision de la présidente de la bravade et du symbolique. Mais concrètement, la France, en s'éloignant de ses partenaires occidentaux habituels, ne se vautre-t-elle pas aux pieds de Moscou, au risque d'apparaître comme ce que selon Marine Le Pen elle ne veut plus être : un pion dans la stratégie d'une puissance étrangère ? Le souverainisme, le nationalisme, ici, commencent à prendre un tour qui en devient la négation, faisant de la France au mieux une puissance de seconde zone, et plus vraisemblablement le partenaire zélé de Vladimir Poutine, dont Marine Le Pen, a dit François Hollande, pour sa première expression publique depuis l'élection présidentielle, est « la vice-présidente » – ce qui, a souligné *Libération*, n'est pas particulièrement aimable pour Medvedev.

Il n'est pas certain que la ligne diplomatique que suit actuellement le pouvoir corresponde vraiment aux attentes ou aux sympathies de l'électorat de Marine Le Pen, ni à celles des forces politiques qu'elle a coalisées pour gouverner. Le rapprochement avec la Russie et l'anti-américanisme n'étaient pas des préoccupations majeures, ni majoritairement partagées, au sein de cet électorat, plus sensible au projet d'une identité nationale renforcée qu'aux perspectives qu'apporte le nouvel axe Paris-Moscou.

Lundi 16 octobre 2017

Un plan pour l'école

Ministre de l'Éducation nationale, Éric Zemmour a fait connaître ses projets. Un train de mesures est annoncé, visant à affirmer la laïcité et l'identité nationale comme des valeurs cardinales, à rétablir l'autorité à l'école et à en finir avec les pédagogies soixante-huitardes.

Le Front national s'est souvent exprimé à propos de l'école, critiquant constamment les réformes et la politique éducative des gouvernements antérieurs, de droite comme de gauche. Éric Zemmour entend bien agir en ministre de l'Éducation nationale – « Et je tiens à insister sur ce qualitatif », a-t-il dit. Il a rappelé le refus de Manuel Valls de remettre sa démission de Premier ministre au lendemain de l'élection présidentielle. Pour l'année scolaire en cours, « il est trop tard pour agir en profondeur. Les parents d'élèves peuvent remercier Manuel Valls et sa posture antidémocratique de juin dernier, qui a fait perdre un an au pays ». Les changements qu'il entend mettre en œuvre pour la rentrée 2018-2019, ou avant quand c'est possible, ne sont pas anodins.

Autorité, laïcité et priorité nationale

Éric Zemmour a choisi de s'exprimer devant un parterre d'adhérents parents de la PEEP (Fédération des parents d'élèves de l'enseignement public) et d'enseignants bien choisis, rassemblés samedi matin dernier dans une salle d'un collège de Béziers, la ville dont son ami Robert Ménard a été l'élu avant d'occuper lui aussi un poste ministériel – d'après un article de Rue 89, c'est le futur ministre de l'Éducation nationale qui aurait soufflé alors à l'élu local l'idée de mettre en place des statistiques ethniques et de dénombrer les enfants musulmans dans les écoles de la ville.

Son plan marque d'abord un retour vers le passé. Les « rêveries soixante-huitardes ont abouti à un cauchemar, explique-t-il, l'autorité a disparu de l'éducation au profit du "pédagogisme" », dans lequel « le professeur est au-dessous de l'élève ». Il convient d'abord de réintroduire le respect, la hiérarchie, et « n'ayons pas peur du mot, la discipline. Quand le maître entre en classe, quoi de plus normal que de se lever ? ».

Le ministre avait à peine entamé son discours qu'une dizaine de personnes, vraisemblablement des membres du syndicat FSU (Fédération syndicale unitaire), ont déployé des calicots où était écrit : « Le fascisme ne passera pas. » Ils ont scandé des slogans hostiles au ministre, en même temps que l'un d'entre eux parvenait à lancer une énorme tomate qui a éclaté sur lui. Éric Zemmour a déclaré, bon prince, que « cela lui rappelait de bons moments, les plateaux de télévision, notamment sur Canal Plus ». Les manifestants ont été évacués de la salle et on apprenait le soir même que le préfet du département de l'Hérault était débarqué – il aurait dû savoir que des perturbations se préparaient, et les empêcher.

Le ministre a repris son propos après s'être essuyé et avoir troqué sa chemise souillée contre un polo de couleur rouge – « N'y voyez pas une orientation politique », a-t-il alors lancé, décidément très en verve. Il n'en avait pas encore fini avec les questions de forme, et il s'est présenté comme un « hussard de la lutte contre la décadence ». Le mot de « hussard » n'est pas chez lui une allusion littéraire à Roger Nimier, dont il apprécie pourtant l'œuvre « et le courage face aux bien-pensants de gauche ». Il renvoie aux « hussards noirs de la Troisième République, ces instituteurs qui ont construit l'école républicaine », a expliqué son entourage à quelques journalistes bien choisis, qui ainsi briefés pourront circuler entre littérature et histoire, et apparaître cultivés et bien informés. Désormais, a indiqué le ministre, la barbe est proscrite, pour les enseignants comme pour les élèves, les premiers en ayant fait une marque distinctive allant de pair avec les cheveux longs et « le blue-jean craspec », les seconds en faisant « un signe ostensible d'islamisme ». Les filles, elles, devront cesser de se maquiller. Les grands moments de la nation et de la République seront marqués par des événements symboliques obligatoires, et le 11 novembre, par exemple, les élèves du primaire et du secondaire se rendront avec leurs enseignants devant les monuments aux morts pour entonner *La Marseillaise* et respecter une minute de silence. La laïcité sera une valeur capitale de l'école, d'où la viande halal sera bannie « dans l'esprit et le texte de la loi sur les signes religieux ostensibles, et quoi de plus ostensible que la façon de s'alimenter selon les préceptes de l'islam ? » – le ministre ignore sans doute que ce qui est servi dans les écoles n'est pas de la viande halal, mais simplement des repas de substitution sans porc ou sans viande, ce qui convient certes aux familles musulmanes, mais pas seulement. D'ailleurs, les allocations de rentrée scolaire ne pourront plus être accordées qu'aux familles dont au moins un parent est français, et les allocations familiales seront supprimées quand les enfants ne fréquentent pas l'école normalement – « Et qu'on ne vienne pas nous dire qu'il s'agit d'une politique d'extrême droite, s'est exclamé le ministre, nous nous inspirons du Brésil de Lula et de Dilma Rousseff ! »

La distribution des prix sera rétablie, et les enseignants seront évalués « bien plus sérieusement que par le passé » : des emplois seront créés pour renforcer le corps des inspecteurs d'académie, dont « la première mission sera de veiller par un contrôle digne de ce nom sur la qualité de notre système d'éducation ».

Le refus du pédagogisme

Les travailleurs sociaux ne seront associés à la vie scolaire qu'une fois signé par chacun d'entre eux un code de bonne conduite, « tous ceux qui n'ont rien à faire à l'intérieur de l'école » n'y pénétreront plus sauf sur invitation explicite de la direction des établissements validée par le rectorat, et ils devront eux aussi s'aligner sur les nouvelles orientations. « Non au pédagogisme », a à nouveau martelé le ministre, accompagnant son propos d'un clin d'œil aux parents de la PEEP présents dans la salle – « Je sais bien que nous menons le même combat. » Un service sera mis en place dans chaque rectorat, où les parents d'élèves pourront signaler les manquements des enseignants sans avoir à justifier de leur identité « pour éviter que leurs enfants soient sanctionnés parce qu'ils révèlent de vrais problèmes », et la police pourra être appelée à intervenir plus souvent dans les établissements scolaires. Le ministre est revenu ensuite à la charge contre les « inepties pédagogistes qui prétendent faire inventer leur savoir par les élèves et qui les placent au centre du système ».

Sa pique contre des orientations ayant selon lui marqué profondément la réflexion de la gauche sur le système éducation ne lui suffisant pas, il y a ajouté une charge contre les sciences sociales en général et « leur savoir abscons qui ne sert à rien » – il est clair que les filières où ces disciplines sont enseignées sont appelées à disparaître dans ses projets.

De telles orientations s'accommodent mal des modalités actuelles de la formation des maîtres, et des instituts qui l'assurent, les ESPE (écoles supérieures du professorat et de l'éducation) créées en 2013 pour remplacer les IUFM (instituts universitaires de formation des maîtres). Car de telles institutions relèvent, selon le ministre, d'un « contresens majeur, comme si la pédagogie relevait d'un savoir théorique ». Pour mettre fin à la « déformation pédagogique », les ESPE seront fermées, la formation des nouveaux enseignants comportera à la place un stage de façon à « apprendre en situation, sous la conduite bienveillante et compétente d'un enseignant expérimenté ».

Après la forme, le fond. Le ministre a indiqué qu'il allait en finir avec le collège unique, et revaloriser les « filières poubelles plutôt que de favoriser les classes élitistes comme le faisait Mme Vallaud-Belkacem ». L'apprentissage, et plus largement les voies professionnelles seront encouragés. Le système, qui selon le ministre se décomposait du fait d'une décentralisation rampante, sera recentralisé, ce qui permettra au passage « d'en finir avec les expériences toujours hasardeuses où l'on apprend aux jeunes à être insolents et à gâcher leur avenir [...] et d'éviter que continuent à se multiplier les soi-disant initiatives locales qui sapent la politique de la nation ». Le ministre a cité les chiffres des enquêtes Pisa, publiées par l'OCDE, qui font apparaître une baisse du niveau moyen des élèves en mathématiques : « Nous sommes à la vingt-cinquième place sur soixante-cinq pays », ou qui font apparaître des écarts croissants de niveau entre les élèves » – « L'heure du redressement national a sonné », a-t-il lancé.

Les missions prioritaires de l'école

Éric Zemmour a tenu à rappeler les missions prioritaires de l'école élémentaire, qui pour lui doit instruire, et donc transmettre les « savoirs fondamentaux que sont la lecture, l'écriture et le calcul ». Il va introduire « dès le premier cycle du secondaire un palier de sélection juste » – traduire : l'apprentissage sera possible et même vivement encouragé dès quatorze ans. Il prêtera une attention particulièrement vigilante aux programmes d'histoire et de géographie, qui doivent « permettre à l'élève de se situer dans le temps et dans l'espace et lui rendre concrète son appartenance à la nation ». Il veillera « en liaison avec [son] ami Laurent Wauquiez » à ce que l'on arrête de minimiser ou de disqualifier certaines pages de l'histoire de France, et en particulier à ce que l'on cesse de dénoncer la grande œuvre de civilisation accomplie par notre pays au fil de l'aventure coloniale. Et il a cité avec admiration Marine Le Pen, « pour moi une source permanente d'inspiration » qui avait déclaré en 2012 que lorsque le FN serait au pouvoir, « la géographie sera enseignée sur des cartes et l'apprentissage de la géographie française obligatoire ». Il a enfin indiqué que l'enseignement d'instruction civique et de morale, « qui ne doivent pas être dissociées », sera renforcé.

Le plan qu'a ainsi présenté le ministre de l'Éducation nationale ne fera pas conquérir au FN de nombreux soutiens au sein du monde enseignant, qui selon des sondages « sortie des urnes » n'avait voté pour Marine Le Pen qu'à 25 %. Il ne s'agit pas de les mobiliser, mais de se tourner vers l'électorat populaire, qui a soif de sécurité et demande des repères. Ce plan comporte aussi des mesures proprement sécuritaires, se réclame de la « tolérance zéro » face aux violences scolaires et aux atteintes aux professeurs, mais aussi aux « élèves victimes de racket ou de sévices de la part d'enfants brutaux et incultes ». Le ministre n'exclut pas d'équiper temporairement de portiques détecteurs de métaux les établissements les plus affectés par la violence – une idée coûteuse empruntée à Xavier Darcos, un ancien ministre de l'Éducation de Nicolas Sarkozy et déjà expérimentée par Laurent Wauquiez en région Auvergne-Rhône-Alpes. Et son plan est tout entier sous-tendu par des références à l'identité nationale de la France, au point d'envisager des « cours de français obligatoires pour les parents d'élèves qui ne maîtrisent pas notre langue ».

Vendredi 20 octobre 2017

Le bagne réhabilité

Le bagne a en France une solide et terrifiante réputation : il sera rétabli, annonce le ministre de la Justice à qui le criminologue Xavier Raufer a remis son rapport, « Pour une nouvelle politique carcérale ». Le bagne de Guyane, dès 2019, pourra accueillir les terroristes, les criminels sexuels et autres éléments dangereux.

Le criminologue Xavier Raufer a remis au garde des Sceaux Gilbert Collard son rapport « pour une nouvelle politique carcérale ». Une recommandation est abondamment commentée par les médias, parmi d'autres pourtant également importantes : rouvrir le bagne.

L'imaginaire historique et littéraire du bagne

Le bagne ! Pour les Français, le mot possède une forte charge symbolique et historique, littéraire aussi. Jean Valjean, un personnage central du roman de Victor Hugo *Les Misérables*, était passé par celui de Toulon ; le capitaine Dreyfus, accusé d'espionnage, a été détenu de 1895 à 1899 à celui de Cayenne, et un ancien bagnard, Henri Charrière, a écrit un best-seller, *Papillon* (éditions Robert Laffont, 1969), en racontant sa vie au bagne, et surtout ses évasions, sur un mode plus ou moins romancé. Parler de bagne, en France, c'est renvoyer à un imaginaire particulièrement lourd, qu'avait aussi alimenté entre les deux guerres un célèbre reportage d'Albert Londres donnant à voir des réalités terrifiantes.

Ce qu'on appelle « le bagne » est en fait un ensemble d'installations pénitentiaires d'abord localisées dans les ports militaires, à Toulon notamment, puis installées en Guyane, mais aussi en Nouvelle-Calédonie, à partir du milieu du XIXe siècle, sous Louis Napoléon Bonaparte. Il y avait au départ dans cette politique qui date d'un siècle et demi à peine et qu'on appellerait aujourd'hui de délocalisation une place pour des préoccupations économiques, l'idée étant bien d'en faire des lieux de travaux forcés. Mais il s'agissait surtout d'éloigner les criminels de la métropole (et de l'Algérie, où explicitement le pouvoir refusait d'installer ce type d'établissement).

Les Français disent « le bagne », sans avoir une image très précise des camps et pénitenciers qui le composent, dont certains dans des îles. Et si la décision d'abolir la déportation au bagne date de 1938, les derniers bagnards sont rentrés en France en 1953 seulement. La population des déportés était relativement diverse : repris de justice en rupture de ban, condamnés pour espionnage ou activistes politiques accusés d'être des traîtres (comme le capitaine Dreyfus), qui n'étaient pas astreints au travail, prisonniers en provenance des colonies, qui l'étaient. À l'issue de leur peine, les bagnards qui avaient été condamnés à plus de huit ans étaient assignés à résidence sur place pour le restant de leur vie, les autres l'étaient pour une durée égale à celle de leur peine, et ceux qui n'avaient pas l'argent leur permettant de rentrer en France une fois leur peine effectuée ne repartaient pas.

Le rapport Raufer propose donc de rouvrir le bagne. L'idée en avait été lancée dès 2014 par Nicolas Dupont-Aignan, aujourd'hui ministre de la Défense nationale, pour « isoler les fous furieux » qui se livrent au djhad, on la retrouvait sur quelques sites, et elle circulait ici et là sur certains réseaux sociaux.

Le rapport Raufer

Le rapport recommande la mise en œuvre d'un projet ambitieux. Il devra d'abord, comme le souhaitait Nicolas Dupont-Aignan, permettre d'écarter les terroristes, de les éloigner de tout. Il est prévu pour eux des établissements parmi les plus durs, sur l'île du Diable, en Guyane, notamment. Ils auront peu de communications entre eux, les conditions de leur détention étant particulièrement sévères. Il s'agit ensuite de protéger la société d'éléments potentiellement dangereux : auteurs de crimes sexuels ayant purgé leur peine mais qui sont toujours susceptibles de passer à nouveau à l'acte par exemple – nos lecteurs savent à quel point le pouvoir est soucieux d'avancer sur ce registre[1]. Pour

1. Voir mon article daté du jeudi 6 juillet 2017.

cette population, qui inclut également des personnes que leur profil génétique ou sociologique (le rapport ne précise pas ce qui est entendu par là) prédispose à la criminalité ou au terrorisme, il est prévu des installations ouvertes, où une certaine liberté de mouvement est possible, mais avec de solides restrictions : interdiction, notamment, de quitter le « quartier » où il leur faudra vivre, droit de visite limité à une personne par mois pendant une journée, de dix à dix-huit heures.

Le bagne comprendra aussi un vaste ensemble, extensible, destiné à accueillir les migrants en situation irrégulière que le gouvernement français a déjà expulsés vers leur pays d'origine, et qui sont revenus illégalement en France, et ceux dont on ignore le pays d'origine, ce qui a rendu leur expulsion impossible. C'est une population considérable, qui pourrait grossir chaque mois de plusieurs centaines d'individus, et qui devra accomplir des travaux d'utilité publique – le rapport demeure vague sur le contenu de ces travaux, qui ne seront pas rémunérés. Il est prévu que deux cargos seront aménagés de façon à pouvoir faire la navette et transporter régulièrement les migrants en question, l'un depuis Calais, l'autre depuis Marseille ; le rapport signale qu'il pourrait y avoir un problème économique, car ces navires risquent de retourner à vide en métropole.

Le rapport comporte une « annexe architecturale et urbanistique » avec plusieurs cartes, qui indiquent ce qui pourra dans les bâtiments existants être réhabilité, ce qui devra être détruit et ce qu'il faudra construire pour rendre le bagne opérationnel à l'horizon 2020, avec une première tranche ouverte dès 2019. Une autre annexe chiffre l'opération, et précise la nature des emplois qu'il faudra créer pour la rendre viable. Une place importante et « innovante » doit être conférée aux technologies modernes de surveillance, qui incluent non seulement des caméras, mais aussi un parc de drones.

Le rapport ne se contente pas de prôner la réhabilitation du bagne. Il recommande aussi, notamment, que soient ouvertes deux maisons de redressement par région, dans d'abord deux d'entre elles, à titre expérimental, avant que cette mesure soit étendue après évaluation à l'ensemble du territoire national. Les tribunaux pour mineurs seront invités à y envoyer les jeunes délinquants récidivistes, ce qui leur évitera « la fréquentation en prison de criminels avérés, elle-même hautement criminogène ».

Une politique carcérale durcie

Le garde des Sceaux, qui confirme que les principales recommandations du rapport seront suivies d'effets « dans les meilleurs délais », connaît bien les attentes des personnels qui relèvent de son ministère et tient à montrer qu'il est à leur écoute. En même temps que des mesures proprement pénitentiaires sont annoncées, il se fait fort de mettre en place très rapidement un train de mesures sociales : les salaires des gardiens de prison, mais aussi, plus largement, de tous les personnels de l'administration pénitentiaire seront augmentés de façon significative, des économies devant être réalisées en cessant de subventionner « toutes ces associations subversives ou inutiles » qui jusqu'ici assuraient des tâches de travail social, culturel ou éducatif en prison. « La prison n'a pas vocation à être un hôtel trois étoiles où la détente et le bien-vivre sont l'horizon de l'action, a expliqué le ministre Gilbert Collard, notre politique vise à redonner à nos concitoyens la certitude qu'ils sont protégés, que les criminels sont tenus à distance, que la détention n'est pas synonyme de confort et de laisser-aller et que les personnels qui ont la charge de l'administration pénitentiaire sont reconnus. »

C'est pourquoi il met fin aux fonctions d'Adeline Hazan, qui à la suite d'un vote de l'Assemblée nationale et du Sénat avait été nommée en 2014 pour six ans, par François Hollande, contrôleur général des lieux de privation de liberté. Il proposera à Marine Le Pen de présenter pour la remplacer « une personnalité exigeante et rigoureuse, qui ne laissera pas les criminels se la couler douce en prison, et s'y préparer à récidiver sous le regard bienveillant de responsables inconscients » – il pense, a-t-il confié à son entourage, à Claude Guéant, l'ancien ministre de Nicolas Sarkozy, « un homme bien plus intègre que ce qu'avait décidé la justice à la botte des socialistes ». La condamnation de Guéant à une peine de deux ans de prison avec sursis en 2015 pour une affaire de primes en liquide ne devrait pas selon lui être un problème. Adeline Hazan a rappelé dans un communiqué qu'elle doit ses fonctions à une loi, et que seule une loi peut la démettre avant la fin de son mandat. Une discussion a eu lieu à ce sujet, en petit comité à l'Élysée, elle aurait pris, a dit un participant sous couvert d'anonymat, « l'allure d'une franche rigolade ».

La justice sera bien traitée, a aussi promis le ministre, le nombre des magistrats sera accru « de façon significative, y compris en recrutant des militaires encore jeunes à la retraite », et le nombre de lits en prison sera adapté aux besoins – cinq mille places seront créées chaque année.

Ces diverses annonces ont donné satisfaction aux personnels du secteur de la justice, tout en répondant aux attentes sécuritaires d'une grande partie de la population. Elles n'ont pas jeté le trouble, ou bien peu, sinon à Cayenne, où les habitants pensaient l'époque du bagne révolue. Les élus locaux se sont déclarés indignés, comme a dit le député-maire de Cayenne, de « ce retour en arrière, qui disqualifie à nouveau notre territoire et nous fera perdre les touristes qui commençaient à venir en Guyane et apportent des ressources non négligeables ».

La réouverture du bagne fait tache à ses yeux « alors qu'à Kourou, la base de lancement de fusées, nos activités sont modernes, et que les personnes qui travaillent sur place sont soucieuses de donner une image accueillante de notre ville et de son environnement ». « Faudra-t-il qu'un nouvel Albert Londres vienne voir ce qui va se mettre en place ? » a lancé l'édile, à l'évidence inquiet.

Ce n'est pourtant pas le reportage du grand journaliste qui se vend aujourd'hui, mais le livre de Charrière, *Papillon*, réédité en français, et traduit en arabe « pour que les candidats à l'immigration illégale sachent ce qui les attend », a expliqué le traducteur, au grand dam de son éditeur qui ne s'attendait pas à une telle sortie.

Jeudi 26 octobre 2017

La démission surprise d'Éric Zemmour

Enseignants en grève, recteurs et inspecteurs démissionnaires, personnels du ministère en grève du zèle : le discours de Béziers a suscité une vague de protestation contre le ministre de l'Éducation nationale. Celui-ci a fait connaître soudainement sa décision : il démissionne, après un échange orageux avec le Premier ministre qui lui demandait de « mettre de l'eau dans son vin ». Le ministre de l'Intérieur, Robert Ménard, assurera l'intérim.

Pauvre France ! En quelques jours, son ministre de l'Éducation, Éric Zemmour, vient de ruiner une bonne partie du crédit dont tentait de se prévaloir le gouvernement. Il faut dire que les événements qui viennent de se succéder dessinent une séquence particulièrement impressionnante.

L'Éducation nationale se rebiffe

Au départ, il y a le discours de Béziers qui a immédiatement suscité de vives réactions. Et d'abord de la part d'enseignants du primaire et du secondaire, qui se sont sentis d'autant plus humiliés, notamment par les attaques contre le « pédagogisme », que par ailleurs rien ne leur a été indiqué en ce qui concerne leurs revenus et leurs conditions de travail – des thèmes sur lesquels leurs revendications sont pressantes. Une grève d'un jour, reconductible, a été lancée dans des établissements scolaires de toute la France, à la suite d'une mobilisation spontanée dans laquelle les syndicats d'enseignants n'ont eu un rôle que mineur, tant la colère et l'indignation sont grandes et suffisaient à pousser à l'action. Des assemblées générales se sont tenues, sans discontinuer, dans des centaines d'écoles, de collèges et de lycées. Et dans les villes universitaires, la jonction a été établie avec les étudiants, les enseignants et les personnels administratifs des universités en lutte depuis près d'un mois. Des manifestations unitaires sont annoncées pour samedi prochain, auxquelles des associations de parents d'élèves appellent elles aussi à se joindre.

Alors même que des délégations d'enseignants demandaient à être reçues dans la trentaine de rectorats que compte la France, y compris dans les territoires d'outre-mer, où règne une intense animation, les recteurs de tout le pays, à l'invitation de celui de Paris, neuvième personnage de la République dans l'ordre protocolaire, se réunissaient à huis clos sous les ors de la Sorbonne. L'historien Jean-Frédéric Schaub, qui avait été nommé recteur sous la gauche finissante, a indiqué à ses confrères qu'il les avait conviés à cette réunion pour leur proposer de démissionner collectivement, « les conditions de la mise en application des valeurs de la République n'étant plus respectées ». La rencontre avait été bien préparée, et la vingtaine de présents, après une discussion dont rien n'a filtré, ont publié un communiqué commun expliquant qu'ils ne pouvaient plus exercer leur mission dans le cadre politique où les avaient placés les propos du ministre de l'Éducation. Dans la foulée, les inspecteurs de l'Éducation nationale, les inspecteurs d'académie et ceux de l'inspection générale se sont joints au mouvement, et ont fait savoir qu'ils ne suivraient pas des consignes « qui seraient contraires au sens, à l'esprit et à la lettre de leurs missions ».

Recteurs et inspecteurs sont des hauts fonctionnaires toujours très soucieux de la légitimité des institutions, et se tenant traditionnellement à distance de toute agitation politique : leur engagement présent en dit long sur l'ébranlement qui déstabilise l'école.

À la mobilisation dans les universités et dans les écoles, et à la démission des recteurs, renforcée par la déclaration des inspecteurs, s'est ajoutée une autre dimension de la grogne qui a gagné tout le secteur de l'éducation : les personnels du ministère, rue de Grenelle à Paris, ont décidé une grève du zèle qui revient à paralyser toute l'administration.

Éric Zemmour débarqué

Le soir même, le ministre de l'Éducation était l'invité vedette de Thierry Ardisson dans une nouvelle émission de France 2. Sur le plateau de « Questions cons, répondez ! », il s'est plié à l'exercice, détendu, et a expliqué le sens et la portée de son plan. Éric Zemmour « qui en a vu d'autres », s'est dit « pas impressionné le moins du monde par ce cortège anti-démocratique, par tous ces fonctionnaires qui ne respectent pas le verdict démocratique des élections, et qui finalement méprisent le peuple et se moquent de l'avenir de la nation ». Il en a appelé à la contre-offensive de ceux « qui se soucient de l'éducation de nos enfants », et a évoqué l'action, pourtant relativement discrète depuis quelques semaines, des comités BBR qui avaient fleuri au lendemain de l'élection présidentielle.

Mais le jour suivant, à la surprise générale, juste avant le Conseil des ministres, Éric Zemmour faisait connaître par un communiqué très bref sa démission « pour des raisons de convenance personnelle ». Il sortait d'une discussion orageuse avec quelques membres du gouvernement, dont le Premier ministre, qui selon une source officieuse lui aurait demandé « de mettre de l'eau, beaucoup d'eau dans son vin » en raison de la chute libre dans les sondages de la présidente. Les conflits inquiètent le pouvoir, car ils semblent susceptibles de se fédérer, et de susciter un nouveau Mai 68, qui est la hantise de Marine Le Pen – elle sait qu'à l'époque la jonction des étudiants et des ouvriers avait été décisive.

Éric Zemmour aurait clamé qu'il est « un homme libre, sans attaches partisanes », qu'il agit sur la base de « ses convictions et de ses connaissances et compétences historiques, que les historiens y compris les plus sérieux veulent bien lui reconnaître », ce qui aurait fait sourire Henri Guaino, présent lors de cette prise de bec. Paradoxalement, c'est Robert Ménard, ministre de l'Intérieur, de l'Immigration et de la Laïcité, qui au cours du Conseil des ministres a été immédiatement chargé de l'intérim : la proximité idéologique de Zemmour et de Ménard est contradictoire avec l'analyse du Premier ministre, qui aspire à calmer le jeu. L'explication de ce choix est ailleurs : si les fonctionnaires que sont les enseignants, les recteurs ou les inspecteurs de l'Éducation nationale ne respectent pas le pouvoir politique, et mettent en cause la légitimité démocratique et républicaine d'un ministre, et, avec lui, de la présidente, il faut les rappeler à l'ordre et à leurs devoirs. Or le ministre de l'Intérieur, par définition, est le mieux placé pour ce rappel, qui peut prendre s'il le faut un tour coercitif.

Ainsi se profile un spectre que jusqu'ici il était possible d'écarter, celui d'une nouvelle phase politique, dans laquelle, face à une contestation qui commence à s'élargir, dans le temps et dans l'espace, le pouvoir s'oriente vers une action de plus en plus répressive. L'opposition, à gauche, hurle au fascisme, – en fait, on n'en est pas là, et ce type de propos est excessif. Mais à l'évidence, la pente actuelle est pour le pouvoir celle du raidissement. La répression semble l'horizon de l'action politique, sa poursuite quand les moyens d'agir font défaut.

Enfin, on vient d'apprendre qu'Éric Zemmour, désormais libre de ses mouvements, est l'invité surprise du magazine *Valeurs actuelles* et de Patrick Buisson, le responsable de son programme de conférences pour la « croisière de l'histoire » qui doit précisément partir en mer pour un tour de la Méditerranée la semaine prochaine : la démission imprévue du ministre fera au moins le bonheur des quelque trois cent cinquante inscrits – à l'exception de ceux qui sont insensibles à la qualité intellectuelle et à la profondeur de vue de ce conférencier.

Vendredi 27 octobre 2017

Les funérailles presque nationales de Jean-Marie Le Pen

La disparition de Jean-Marie Le Pen a suscité une immense émotion à l'extrême droite, et ses funérailles ont été l'objet d'un choix délicat de la part du pouvoir. Elles ont été nationales, mais pas officiellement, suivies en direct par les chaînes de télévision, avec des discours de Bruno Gollnisch et Marion Maréchal-Le Pen.

Après plusieurs mois d'un coma dont il n'était jamais sorti, Jean-Marie Le Pen est décédé vendredi 20 octobre à l'hôpital américain de Neuilly. Le fondateur du FN, victime d'un malaise cardiovasculaire le soir de l'élection de sa fille à la tête de l'État français, n'a donc pas survécu à cet événement pour lequel, comme chacun sait, il avait éprouvé des sentiments ambivalents, un mélange de fierté et de désapprobation.

Les médias mobilisés

Les journaux avaient depuis longtemps préparé une nécrologie rendant compte d'un parcours conjuguant des orientations d'extrême droite classique à une logique protestataire, anti-immigrés – les huit pages et le supplément photo que lui consacre *Le Monde* sont un bijou de précision et de délicate attention, chaque mot en a été soupesé au point de rendre presque attendrissante la disparition du vieux leader. Personne ne peut plus ignorer que le FN était resté groupusculaire tout au long des années 1970. Ou qu'en jouant sur la thématique de l'immigration, Jean-Marie Le Pen avait pu prendre en quelque sorte son envol politique à partir du début des années 1980, dans un contexte historique transformé dont il avait su comprendre la nature : les travailleurs maghrébins étaient venus à l'origine pour quelques années avant de retourner au pays, mais avec la crise économique, et le regroupement familial rendu possible en 1976, ils avaient préféré finalement rester en France, avec femme et enfants, peuplant les banlieues populaires et faisant de l'islam la deuxième religion du pays. Le FN avait prospéré à partir des années 1980 sur la base d'un racisme dont la cible était ces populations « issues de l'immigration », comme on disait alors.

Des funérailles à la hauteur du personnage

C'est une famille réconciliée, après des moments de tension, qui s'est retrouvée autour du cercueil du patriarche, et qui a pris connaissance de ses dernières volontés.

Son testament comportait des éléments privés, qui n'ont pas été rendus publics – encore que certains journaux se sont demandé si le vieux leader disposait encore d'un contrôle financier sur les ressources du FN, auquel cas, dit *Marianne*, « il serait normal que la famille apporte des informations à son parti et à l'opinion ». Surtout, il faisait part d'un souhait pour ses funérailles : qu'elles soient nationales, « puisque, écrit-il, j'ai consacré mon existence à la grandeur de la nation, avec me semble-t-il quelque résultat ».

La demande a fait l'effet d'une bombe. Marine Le Pen allait-elle user de ses prérogatives de présidente pour donner satisfaction, *post mortem*, à son père, avec qui elle s'était réconciliée, sinon politiquement, du moins personnellement depuis plusieurs mois ? Un décret présidentiel en effet suffisait, pour des obsèques nationales, tout comme d'ailleurs pour décider du transfert du corps du défunt au Panthéon. Allait-elle prendre sa décision au sein d'un conseil de famille, ou en consultant son entourage politique ?

Finalement, la présidente a tranché : un « hommage de la nation » serait rendu à Jean-Marie Le Pen, complété par une messe solennelle à Notre-Dame. Ce ne sera pas une panthéonisation jugée inadaptée par la famille – « Nous n'acceptons pas l'idée que ses cendres puissent reposer à côté de celles de Voltaire, de Jean Zay ou de Germaine Tillion », a déclaré Marion Maréchal-Le Pen. C'est ainsi qu'hier, décrété jour férié avec drapeaux en berne, un cortège de plusieurs dizaines de milliers de personnes a suivi le cercueil de Jean-Marie Le Pen, porté par six parachutistes du 2e REP, le deuxième régiment étranger de parachutistes, en grand uniforme, jusqu'à l'entrée de la cathédrale Notre-Dame. En tête du cortège, la famille, mais aussi plusieurs chefs d'État étrangers, parmi lesquels, étrangement réunis, Vladimir Poutine et Viktor Orbán, qui ont un moment conversé en marge de la cérémonie, suivis de nombreux diplomates, de ministres, de parlementaires. La vieille garde, les survivants des temps pionniers, des fondateurs et proches de longue date du FN étaient là, mais aussi des jeunes visages, certains le crâne rasé, venus de toute la France dire leur émotion et leur reconnaissance à l'égard du leader défunt.

BFM TV, LCI et I-Télé avaient déployé de grands moyens pour faire de cette cérémonie un événement de première importance. BFM TV, par exemple, avait installé un véritable QG, un vaste studio sur le parvis de Notre-Dame, et alternait interviews de personnalités, retransmission en direct des moments les plus significatifs, et images d'archives. La chaîne a diffusé à cinq reprises un long portrait du leader disparu. I-Télé et LCI n'ont pas été en reste, proposant des images et des entretiens analogues, au point de paraître interchangeables.

La place de la Concorde devient la place Jean-Marie-Le-Pen

Un premier discours a été prononcé par Bruno Gollnisch, ministre des Affaires européennes qui incarne aujourd'hui encore les orientations de Jean-Marie Le Pen. Le ministre a rappelé dans un long panégyrique « la lutte conduite au nom de la patrie face aux forces de la décadence et de la démission nationale », et qu'« il nous a donné confiance alors que nous n'étions qu'une toute petite minorité au départ ». Il a annoncé que la place de la Concorde serait rebaptisée place Jean-Marie-Le-Pen – « Il y a bien une place Léon-Blum », a commenté devant nous un membre du service d'ordre.

Marion Maréchal-Le Pen, en tant que ministre de la Culture, mais aussi comme petite-fille du défunt, a prononcé elle aussi un discours, le visage fermé, retraçant les combats politiques de Jean-Marie Le Pen, avec l'avocat Tixier-Vignancour, avec Pierre Poujade, puis pour son propre compte, en leader dont elle a vanté le charisme, l'éloquence et les convictions. Puis ce fut l'exposition du cercueil noyé de fleurs bleues, blanches et rouges devant la cathédrale, durant laquelle le cortège put s'incliner en silence, et la messe, avant que le cercueil soit à nouveau porté vers un corbillard par les parachutistes au son d'une musique militaire. S'en est suivi le départ pour le cimetière de La Trinité-sur-Mer, la petite ville de Bretagne d'où était originaire Jean-Marie Le Pen et où aurait lieu un enterrement privé. La famille, les proches, les invités se sont engouffrés dans des voitures noires ou grises, la cérémonie était terminée.

Affrontements dans le Quartier latin, la Sorbonne évacuée

Le cortège ne s'est pas vraiment dispersé dans la capitale. Par petits groupes, il a pris possession du Quartier latin voisin, dans lequel règne depuis plusieurs semaines une vive agitation du fait de la grève étudiante. Et ce qui devait arriver arriva : d'autres groupes, sortis de la Sorbonne et du Collège de France occupés, se sont heurtés, d'abord verbalement, puis physiquement, à ceux qui venaient d'accompagner le cercueil de Jean-Marie Le Pen. « Le fascisme ne passera pas », scandaient les uns, « Patrie-nation-gloire à Jean-Marie » répondaient les autres. Les incidents ont pris un tour d'autant plus violent qu'en ce jour de funérailles les forces de l'ordre n'avaient pas été suffisamment mobilisées, et de part et d'autre, il y eut à compter plusieurs blessés.

À la tombée de la nuit, les affrontements semblaient avoir cessé, et chacun donnait l'impression de retourner d'où il venait, quand une cinquantaine de jeunes gens armés de barres de fer et de battes de base-ball, mais aussi, pour quelques-uns, d'armes de poing, ont pénétré en force dans la cour de la Sorbonne occupée, où le service d'ordre étudiant était à l'évidence peu préparé à une telle attaque. Les assaillants ont immédiatement pris possession d'une partie des lieux, et, téléphone mobile et réseaux sociaux aidant, ils ont été rejoints par des dizaines de crânes rasés, tandis que de leur côté, les étudiants recevaient des renforts venus d'établissements universitaires voisins également occupés. L'affrontement a pris alors un tour extrême, et on pouvait s'attendre au pire, quand les forces de l'ordre ont bouclé la Sorbonne, puis y ont pénétré, mettant fin aux combats et interpellant de nombreux étudiants, tandis qu'elles laissaient partir les assaillants. C'en était fini de l'occupation de ce symbole qu'est la Sorbonne.

Ce mercredi, *Le Canard enchaîné* titrait : « Marine Le Pen reprend le contrôle d'une partie de ses facultés ».

Vendredi 3 novembre 2017

Philippot et Guaino : la guerre est déclarée

Le même jour, le Premier ministre Florian Philippot et le ministre de l'Économie et des Finances Henri Guaino ont fait dans les médias des déclarations contradictoires, le premier maintenant l'idée de viser la sortie de l'Europe, le second plaidant pour une vision beaucoup plus ouverte. Mediapart a révélé que Nicolas Sarkozy a rencontré Henri Guaino aussitôt après son entretien radiophonique – à l'évidence, l'ancien président est à la manœuvre.

La reprise des cours se précise dans les universités, avec ici et là des affrontements entre groupes d'extrême droite et grévistes de moins en moins nombreux, et c'est sur un autre front que Florian Philippot, le Premier ministre, est appelé à se mobiliser : tient-il son gouvernement, demande la presse, est-il capable de mettre en œuvre une politique cohérente en matière économique ?

Il est permis d'en douter, surtout à la lumière du pataquès d'hier matin. Au moment même où il s'exprimait sur BFM TV à propos de l'économie, en effet, le ministre de l'Économie, Henri Guaino, invité au micro de la radio RTL, faisait état d'orientations économiques totalement opposées aux siennes.

Florian Philippot veut sortir de l'Europe

Pour Philippot, il convient de garder le cap, et de viser la sortie de l'Europe, malgré le flou qui n'a cessé d'entourer la question depuis plusieurs mois. Sauf concession majeure, et bien improbable de la part de Bruxelles et de l'Allemagne, la France, selon lui, ne saurait rester dans l'euro, ce qui implique qu'elle quitte l'Union européenne ; la présidente, qui avait participé à la réunion des chefs d'État du premier Conseil de l'Europe, les 28 et 29 juin derniers, sous présidence maltaise, y avait fait connaître les exigences françaises. « Si nous n'obtenons pas satisfaction, nous consulterons les Français par référendum, et nous ne doutons pas qu'ils nous suivront. La question sera simple : demandez-vous la sortie la plus rapide possible de l'Europe et de l'euro ? » Il compte, en amont de tout vote, « rétablir des barrières douanières et redonner sens à la notion de frontières ».

Le Premier ministre a également indiqué que ses services préparent la liste des nationalisations ou renationalisations qui lui semblent indispensables – « Nous ne pouvons pas accepter la privatisation de nos plus beaux fleurons, qui risquent d'être rachetés par des intérêts économiques étrangers à notre culture et à nos valeurs » – allusion claire à la Chine et aux pays arabes dont les investissements en France se sont multipliés au cours des cinq dernières années. Enfin, il compte procéder à une hausse « significative » du RSA, manière pour lui de montrer qu'il est favorable à une politique de redistribution et qu'il s'intéresse aux conditions d'existence des plus démunis. Encore faut-il préciser que cette mesure ne s'appliquera pas aux étrangers.

Henri Guaino n'envisage pas la sortie de l'Europe

De son côté, Henri Guaino s'est déclaré favorable à l'exercice d'une pression renforcée sur l'Europe – « pas pour en sortir, a-t-il dit, en tout cas pas pour l'instant, mais pour que nos intérêts nationaux soient pris en considération ». Il a promis la suppression du RSA, et « une bonne fois pour toutes, et très vite, la suppression des trente-cinq heures, cette horreur économique ». Il s'est dit « très loin des idéologies anti-capitalistes, qui lui rappellent le gauchisme salonnard triomphant des années 70 et 80, prolongé par le socialisme d'un autre temps de Martine Aubry ». Se disant « non keynesianiste », le ministre de l'Économie veut encourager le « patriotisme économique », le soutien au label « origine France ». Il a évoqué de façon très positive l'action de l'association créée en 2015 par Arnaud Montebourg et Yves Jégo pour aller dans ce sens. Mais surtout, il entend « faire respirer notre économie », « ne pas la fermer au monde », « ne plus la soumettre aux bureaucraties d'administrations qui n'ont aucune conscience des réalités de l'entreprise ». Et s'il a conscience de « l'importance d'une main-d'œuvre abondante, disponible et bon marché dans des secteurs comme le bâtiment, s'il faut en tenir compte, il faut aussi tenir notre rang dans les secteurs de pointe, y compris lorsqu'ils sont le fait de grandes entreprises ». La tonalité est libérale, elle pourrait calmer les critiques du patronat, alors même que le président du Medef, Pierre Gattaz, a déclaré récemment trouver « absurde » le projet de sortie de l'Europe, affirmant : « Nous ne nous en sortirons que par une participation confiante à la mondialisation et à l'Europe, nous ne retrouverons le chemin du plein emploi et de la croissance forte que si nous nous ouvrons au monde. » D'ailleurs, Henri Guaino a indiqué avoir accepté une invitation des patrons du CAC 40, qu'il rencontrera dans les prochains jours « sur le fond, et sans la présence de journalistes pour pouvoir aborder sereinement les grands sujets du moment ».

Nicolas Sarkozy à la manœuvre

Les médias français n'ont pas manqué de rapprocher les propos des deux ministres, et de souligner leur caractère contradictoire. Mais il y a plus. Une indiscrétion du journal en ligne Mediapart, en effet, a révélé qu'après son émission radiophonique Henri Guaino était passé à Bercy, y avait rencontré ses plus proches collaborateurs, ainsi qu'Éric Ciotti, secrétaire d'État aux Finances, avant de se rendre pour un déjeuner avec l'ancien président de la République, Nicolas Sarkozy, accompagné de l'homme d'affaires Alain Minc, son visiteur du soir quand il était chef d'État, dans un restaurant du XVIe arrondissement de Paris. La fuite avait été organisée par Nicolas Sarkozy qui sur ce point précis a déclaré plus tard dans la journée à une de nos consœurs du *Monde* se plaignant de ne pas avoir été informée à temps « reconnaître une qualité à Edwy Plenel (le directeur de Mediapart) – il m'a souvent cassé les pieds, mais il est toujours impeccable quand il s'agit de mettre en ligne une information dans un *timing* convenu ». Il est clair que la position du ministre est fixée à partir du rapport privilégié qu'il n'a cessé d'avoir avec Nicolas Sarkozy ; elle sera d'attendre de nouveaux développements, et notamment le prochain Conseil européen des chefs d'État, à la fin du mois, avant de laisser se tendre davantage les relations avec le Premier ministre. Henri Guaino mettra pour l'instant de l'eau dans son vin européen. Mais le gouvernement pourra-t-il rester dans l'ambiguïté ?

Lundi 13 novembre 2017

Un déjeuner d'intellectuels à l'Élysée

Marine Le Pen a reçu pour déjeuner des écrivains, Jean Raspail, Renaud Camus et Richard Millet, et des journalistes, Élisabeth Lévy et Philippe Tesson, dans une atmosphère détendue. On a parlé littérature, dénoncé la « grande déculturation » du pays, et communié en évoquant l'immigration. On a aussi évité les sujets qui fâchent – l'antisémitisme, l'homophobie.

Même si elle a publié en 2006 un premier livre, *À contre flots*, et en 2012 un deuxième, *Pour que vive la France,* où elle cite des pensées qui l'ont marquée, comme celles d'Emmanuel Todd, de Marie-France Garaud et de Georges Marchais, Marine Le Pen n'a jamais fait semblant d'être une intellectuelle. Mais ses conseillers l'en ont convaincue : en France, le chef d'État doit faire montre de culture, et pouvoir répondre, de préférence avec brio, aux journalistes qui lui demandent le titre des romans emportés en vacances. La présidente doit donc faire état du plaisir qu'elle peut tirer à rencontrer des hommes et des femmes de lettres, et nc doit pas risquer d'apparaître ignare. C'est pourquoi elle a reçu à déjeuner une poignée de bons esprits, son service de communication se chargeant d'en informer immédiatement les médias.

Littérature, politique et immigration

Étaient donc présents trois écrivains, Jean Raspail, Renaud Camus, Richard Millet, et deux journalistes, Élisabeth Lévy et Philippe Tesson.

Pour créer d'emblée une atmosphère détendue, Marine Le Pen a raconté comment, au début des années 2010, Paul-Marie Coûteaux, alors son très proche conseiller, et un des inspirateurs de sa stratégie de « dédiabolisation », lui avait proposé des lectures et, si elle n'avait pas le temps, des CD qu'elle pourrait écouter pour se préparer à d'éventuelles hautes fonctions. Il s'agissait, notamment de l'*Histoire de France* de Jacques Bainville, et de *De la démocratie en Amérique* d'Alexis de Tocqueville – un ouvrage à citer, selon Coûteaux, « sur l'évolution de la démocratie et sa dégénérescence en un mélange d'égalitarisme maniaque et de pouvoirs oligarchiques ». Son conseiller mué en précepteur lui avait aussi recommandé, parmi une longue liste, *La Princesse de Clèves* – pierre dans le jardin de Nicolas Sarkozy –, Marcel Proust et, « si vous ne l'avez pas lu, Alain-Fournier ».

Marine Le Pen a expliqué avoir commandé tous ces ouvrages « au libraire du coin, pas dans une grande surface ni par Amazon », précisant que « finalement, la seule bonne mesure de la gauche en trente-cinq ans avait été la loi Lang sur le livre, qui protège les petits commerçants de ce secteur ». Mais elle a dit « n'avoir jamais eu le temps de faire son miel de ces fiches de lecture », et regretter tout particulièrement de n'avoir pas suivi les conseils de Coûteaux relatifs à Renaud Camus, qu'il lui présentait comme un auteur « mal vu des bien-pensants », et à Philippe Muray, « incandescent », « brillantissime ». Ce qui a créé directement le contact avec Renaud Camus ainsi qu'avec Élisabeth Lévy, puisque Muray et elle avaient dialogué dans un ouvrage intitulé *Festivus festivus*.

La glace était donc immédiatement rompue, et pas seulement avec Renaud Camus et Élisabeth Lévy. Très vite, on a circulé entre la grande politique et les anecdotes. À la demande d'Élisabeth Lévy, Marine Le Pen a évoqué sa rencontre avec Vladimir Poutine. Elle a décrit un homme fin et agréable, dont la vision géopolitique coïncide avec la sienne, et qui a tenté de lui faire partager ses passions, évoquant une collection de montres – « Comme Julien Dray », a dit spirituellement Philippe Tesson –, les voitures Mercedes, des séjours sur un des yachts que l'État russe met à sa disposition.

Mais Marine Le Pen souhaitait surtout échanger des idées, et a interrogé Renaud Camus : vous qui dénoncez, a-t-elle dit en substance, la « grande déculturation », vous qui vous inquiétez du « suicide de la France », vous qui m'avez soutenue, y compris en créant un « Parti de l'in-nocence » qui a appelé à voter pour moi en 2012, que me conseillez-vous de faire, maintenant que je suis aux affaires ? La réponse a été d'abord prudente, au second degré, un peu vague, ou fuyante, puis s'est précisée, Camus accordant une priorité absolue à l'« opposition résolue à l'immigration », qu'il accuse de conduire « au changement de peuple et de civilisation », ce qu'il nomme, a-t-il rappelé, « le grand remplacement » – une formule dont il ne semblait pas savoir qu'elle n'est pas exactement de celles qu'affectionne Marine Le Pen. Derrière l'écrivain, ici, apparaissait le penseur identitaire.

La communion anti-immigration et la critique de l'islam

Personne ne voulant froisser personne dans la communion anti-immigration qui se mettait en place, le thème juif fut expressément laissé de côté. Élisabeth Lévy s'est abstenue de rappeler le *Journal* de 1994, publié en 2000, qui avait valu à Camus de vives accusations d'antisémitisme. De même, le thème gay fut ignoré dans les échanges qui ont suivi à propos du « changement de peuple » qui inquiète tant Camus, chacun sachant à quoi s'en tenir au sujet de l'écrivain, mais aussi de certains proches de Marine Le Pen, chacun, tout aussi bien, connaissant les positions de Millet sur les homosexuels, qui forment selon lui une « franc-maçonnerie internationale ».

Interpellé par Marine Le Pen, Jean Raspail s'est dit « en phase avec Renaud Camus », et a rappelé que depuis longtemps, il avait fait part de ses inquiétudes quant à la trahison de la patrie du fait de la politique d'immigration mise en œuvre « par la République ».

Le ton, du coup, a monté, car l'extrême droite et ses idéologues aiment à se présenter aujourd'hui comme les meilleurs défenseurs de l'idée républicaine. Élisabeth Lévy, dont la première qualité n'est pas l'élégance du propos ou la distinction des attitudes, a utilisé des mots rugueux pour rappeler que la République est une et indivisible, et que la laïcité en est une valeur fondamentale. Elle a encouragé Marine Le Pen à poursuivre dans sa promotion d'une République « exemplaire » – pas celle des socialistes ni de Nicolas Sarkozy, a-t-elle beuglé, et presque rugi, son ton tranchant avec celui de Camus. Tout le monde autour de la table présidentielle a communié alors dans la critique de l'islam, dont les tenants « ont tendance à oublier nos valeurs nationales, nos principes républicains, et la laïcité », a dit Élisabeth Lévy. Ce n'est pas l'islam qui est en cause, a-t-elle ajouté, mais notre capacité à dicter les règles du jeu, et à les faire respecter.

Ainsi, le discours anti-immigrés voudrait qu'on arrête l'immigration, là où la critique de l'islam vise à mettre les musulmans au pas, à leur imposer « nos lois, notre mode de vie », à mettre en place une politique de fermeté qui n'interdit pas la pratique religieuse mais qui oblige les musulmans à « faire leur *aggiornamento* » et à « jouer pleinement comme Français ».

La dimension littéraire des meurtres de masse

La France était donc au cœur de ces échanges animés, et Richard Millet a rappelé qu'une nation, c'est une langue, une culture, une histoire et finalement une littérature. Ces propos à l'évidence ont passionné Marine Le Pen, qui a voulu débattre de la thèse de Millet sur Anders Breivik, ce jeune Norvégien qui a tué quelque quatre-vingts personnes en 2011 au nom de son refus du multiculturalisme et de l'immigration. Il y a, a expliqué Millet, une dimension littéraire dans cette tuerie, où le fusil d'assaut a remplacé la littérature dans un contexte de perte de repères et d'identité. Comment, lui a demandé alors la présidente, encourager une politique de retour à la littérature de qualité ? Un élément de réponse, a suggéré l'écrivain, plutôt mal à l'aise sur ce terrain de l'action politique concrète, pourrait être de lutter contre le déclin du sentiment religieux chez les chrétiens – « La France, sans son identité chrétienne, ne serait plus elle-même. » Marine Le Pen ne pourrait-elle pas se rendre au Vatican ? La suggestion n'a pas convaincu Philippe Tesson qui, d'un ton gouailleur, a dit qu'une telle visite, chez un pape de gauche comme François, ne serait pas « forcément de nature à faire les affaires du gouvernement actuel – cela aurait été tellement mieux avec Jean-Paul II ».

Le déjeuner s'est conclu sur ces propos, et Marine Le Pen a remercié chaleureusement ses invités – elle avait passé avec eux un de ces moments « trop rares dans une vie où les obligations ne sont pas toujours aussi passionnantes ». Il ne restait plus à ces mêmes invités qu'à raconter leur repas aux journalistes qui les attendaient à la porte de la salle à manger, un exercice auquel se sont livrés Philippe Tesson et Élisabeth Lévy, tandis que les trois écrivains s'éclipsaient discrètement.

Vendredi 17 novembre 2017

Expulsions d'imams et mise au pas de l'islam tout entier

Le gouvernement a fait expulser sans ménagement une douzaine d'imams étrangers, pourtant connus pour leur attitude particulièrement modérée et républicaine. Il annonce que la viande halal sera désormais gérée par la puissance publique, et que les bénéfices serviront à compenser les frais occasionnés par la présence de l'islam en France.

Les difficultés économiques, les mouvements sociaux récents dans les universités, les écoles et les lycées ainsi que les administrations des ministères concernés, et l'incompréhension qui entoure le nouveau tour de la diplomatie française ont pour effet de situer la présidente Marine Le Pen au plus bas dans les sondages d'opinion. Des scores ne dépassant pas 18 ou 19 % d'opinions favorables, jamais atteints par ses prédécesseurs, même François Hollande, poussent le gouvernement à agir sur des registres où il peut espérer renouer avec son électorat.

C'est ainsi qu'il procède depuis deux jours à un train de mesures particulièrement fermes vis-à-vis de l'islam de France.

Expulsions d'imams modérés

Les plus spectaculaires, immédiatement mises en œuvre une fois décidées, ont consisté à expulser une douzaine d'imams qui n'avaient pas la nationalité française. Ces responsables religieux sont connus, localement, pour leurs propos mesurés. La plupart ont calmé le jeu dans les émeutes urbaines les plus récentes, expliquant aux jeunes, sur le terrain, à chaud, que les problèmes ne se régleront pas par la violence, mais dans le dialogue. Leurs sermons sont faits en français, et ils ne prêchent en aucune façon le djihad, bien au contraire. En les expulsant vers leur pays d'origine, le gouvernement adresse un signal clair à tous les musulmans de France : « Vous ne serez tolérés à l'avenir que si vous êtes singulièrement discrets ; même les plus modérés parmi vous doivent savoir qu'il n'est pas question de continuer à accorder à l'islam la visibilité que cette religion s'est octroyée en moins d'un demi-siècle. »

La presse a été conviée aux opérations d'hier et d'avant-hier, qui n'ont pas laissé aux imams le temps de faire leurs bagages et de procéder à des adieux. On les a vus dans les aéroports, avec de misérables valises, consternés, ne comprenant pas ce qui leur arrivait – « On n'a rien fait de mal, au contraire ! » a pu dire à un journaliste du *Parisien* un de ces expulsés. Quand ils étaient mariés à des femmes étrangères, et que leurs enfants n'étaient pas français, ils ont été expulsés en famille. Pour les autres cas, les décisions seront prises dossier par dossier « très vite, dans la semaine », car le pouvoir ne veut pas « se laisser enfumer par des manipulations et des arguties », dixit un ministre qui a demandé à garder l'anonymat.

Les organisations humanitaires qui se mobilisent d'ordinaire face aux expulsions n'ont pas eu le temps de tenter quoi que ce soit, malgré le fait que la moitié de ces imams étaient expulsés avec femme et enfants, et leurs avocats n'ont rien pu obtenir de la justice, qui a opposé le silence et un refus de communiquer à toutes leurs demandes. Il est clair que ces mesures ont été prises au mépris des lois en vigueur, et que les droits des étrangers concernés n'ont pas été respectés – le pouvoir est passé outre, se sentant fort et légitime sur ce registre.

Étrange raisonnement, qui consiste ainsi à s'en prendre à l'islam modéré et responsable ! Car en le frappant, comme c'est le cas avec ces expulsions, le pouvoir disqualifie ceux qui jouent la carte de l'intégration, il pousse les fidèles dans les bras de leaders sectaires ou radicaux.

Le commerce de la viande halal sous contrôle de l'État

Le porte-parole du gouvernement a confirmé que ces mesures ne sont pas isolées, qu'elles s'inscrivent dans un plan d'ensemble. Désormais, il sera exigé des imams qu'ils aient la nationalité française, et qu'ils aient obtenu un « certificat administratif », sorte d'autorisation qui leur sera délivrée par les préfets pour pouvoir exercer leur ministère. Il leur sera imposé de prononcer leurs sermons en français, et de présenter une comptabilité très précise de leur mosquée.

Les financements venus de l'étranger, et dont on sait qu'ils s'inscrivent dans les stratégies de puissance et d'influence d'États comme l'Arabie saoudite ou le Qatar, devront transiter par la Caisse des dépôts et consignations, qui examinera leur origine et pourra refuser leur affectation à tel ou tel lieu de culte particulier – l'agent sera alors versé dans un fonds commun administré par la mosquée de Paris.

La viande halal, « source de profits considérables », sera gérée par la puissance publique, les représentants du culte musulman qui s'en occupaient jusqu'ici devenant salariés d'une association dépendant en fait du ministère de l'Intérieur, qui est aussi celui des cultes. Les bénéfices de ce secteur hautement rentable iront à une caisse spéciale, qui pourra contribuer à la construction et à l'entretien de lieux de culte, mais qui devra aussi et en priorité assurer les dépenses liées aux « abus de ceux qui ont la charge de l'islam », qu'il s'agisse des frais d'expulsion, ou du transport d'islamistes radicaux vers le bagne de Cayenne, dont les premiers bâtiments devraient être opérationnels bien avant la date officielle d'ouverture. L'islamisme n'est pas tout l'islam, a aussi expliqué le porte-parole du gouvernement, mais il en fait partie, et les revenus que fournira la viande halal « devront aussi servir à indemniser les victimes du terrorisme islamique ». Enfin, puisque des agressions et des menaces visant les mosquées obligent la puissance publique à consacrer des sommes non négligeables pour assurer la sécurité des fidèles, l'argent de la viande halal servira aussi à assurer une partie de ces dépenses. Ainsi, une sorte de nationalisation qui ne dit pas son nom se prépare pour l'abattage et la distribution de la viande halal.

Dans certains quartiers, « nos concitoyens non musulmans ne pouvaient plus se procurer d'alcool, de porc ou de viande autre que halal, ce qui est la négation de notre culture, dont sont privés des Français qui appartiennent souvent à des milieux populaires » : pour mettre fin à ce qui est présenté comme « un élément de la guerre de civilisation dans laquelle nous sommes engagés », le pouvoir interdit l'existence de commerces alimentaires d'où alcool et porc seraient proscrits « alors même qu'une seule personne en fait la demande ».

Dany Cohn-Bendit au commissariat de police

Enfin, deux mesures précises concernent l'identité nationale. Toutes les nationalisations récentes, celles qui ont été accordées au temps de la gauche aux affaires, de 2012 à 2016, sont purement et simplement annulées, et ceux qui voudraient néanmoins qu'elles soient reconduites devront présenter un dossier administratif et répondre à un questionnaire très complet, le tout étant soumis à décision préfectorale.

Il y a d'après le très sérieux Institut national d'études démographiques, l'INED, 5 % de binationaux parmi les Français de dix-huit à cinquante ans, dont 90 % d'immigrés ou descendants d'immigrés : c'est « beaucoup trop » pour le gouvernement, la double nationalité est désormais interdite, et les dispositions du Code sur la binationalité vont être durcies, et appliquées avec la plus grande fermeté. Tous les binationaux devront choisir : être français, et rien d'autre, ou opter pour une autre nationalité. Dany Cohn-Bendit, nationalisé français en 2015 mais qui conserve aussi la nationalité allemande, a fait savoir hier soir qu'il n'obtempérerait pas : il a été interpellé dans les heures qui suivaient par la police dans un hôtel du XIVe arrondissement, il est actuellement interrogé dans un commissariat de police.

Dans ce contexte, et pour apporter sa propre contribution aux efforts généraux du gouvernement, Marion Maréchal-Le Pen, ministre de la Culture, a donné toute la mesure de son engagement dans ses fonctions en se rendant mardi dernier à Fréjus sur l'invitation du maire de la ville, David Rachline. Il s'agissait tout d'abord pour elle d'apporter son soutien à une initiative spectaculaire, la destruction de la mosquée du quartier de la Gabelle. Depuis bientôt trois ans, David Rachline avait multiplié les procédures judiciaires pour empêcher l'ouverture de ce nouveau lieu de culte, et alors même que la justice n'avait pas rendu sa toute dernière décision, il avait décidé de passer à l'action, avec l'appui des plus hautes autorités de l'État et la compréhension de son électorat.

C'est ainsi que vendredi dernier, à la première heure, trois bulldozers, dont l'un conduit durant quelques instants par la ministre elle-même, se sont employés à faire s'écrouler les murs de la mosquée, sous les vivats enthousiastes de quelques dizaines de personnes. Une pelleteuse les accompagnait, évacuant les gravats qui étaient ensuite emportés par de puissants camions bennes. Immédiatement une photo circulait sur les réseaux sociaux et passait en boucle sur BFM TV et LCI, montrant la ministre, fluette jeune femme, aux commandes de l'énorme tracteur à chenilles. Deux heures plus tard, après avoir bu le « verre de vin de l'amitié » avec les autorités locales et grignoté avec elles quelques charcuteries « dans le respect de nos traditions », elle pouvait passer à la deuxième phase du programme qu'elle venait honorer de sa présence et de son appui, en posant la première pierre d'un monument dédié, a-t-elle dit, « à la mémoire de ceux qui ont porté haut et droit les couleurs de la France de l'autre côté de la Méditerranée ».

Ainsi, un train de mesures est à l'évidence destiné à « montrer aux vrais Français, comme a dit un dirigeant du FN, que l'islam est sous contrôle », et que la puissance publique compte bien lui faire la vie dure. Ces mesures traduisent un autoritarisme croissant qui ne s'arrête pas au seul islam. Elles créent de vives inquiétudes parmi les musulmans, aussi intégrés qu'ils soient, mais sont aussi perçues par une large partie de l'opinion comme une marque de faiblesse de la part du pouvoir, qui joue sur l'islamophobie alors même que la situation sociale et économique ne cesse de se dégrader. Est-ce ainsi que les opinions favorables à Marine Le Pen pourront repartir à la hausse ? La plupart des commentateurs politiques sont sceptiques.

Mercredi 22 novembre 2017

Le programme culturel de Marion Maréchal-Le Pen

Hommage au nationalisme et aux intellectuels réactionnaires, un colloque important a mis en valeur Maurice Barrès et Charles Maurras, des penseurs d'extrême droite, mais aussi Charles Péguy, une personnalité qui ne peut être réduite à cette image. À cette occasion, Marion Maréchal-Le Pen a présenté son programme, placé sous le signe du « patriotisme culturel ».

La France n'est pas seulement le pays des intellectuels « de gauche », elle a aussi été celui d'intellectuels nationalistes et catholiques, dont certains méritent le qualificatif d'extrême droite comme Charles Maurras et Maurice Barrès. Le premier : antisémite, monarchiste et pétainiste sous Vichy a animé l'Action française. Le second est connu pour avoir encensé, le cas échéant sur un mode revanchard, les racines, la terre, la famille et la patrie et pour avoir été un ardent antidreyfusard. Pour Charles Péguy, l'affaire est plus compliquée, car l'écrivain a aussi été un homme de gauche, et un dreyfusard acharné, avant de basculer dans un nationalisme complexe, à la fois patriotique, mystique, catholique, anti-moderne et philo-judaïque. C'est pourquoi Edwy Plenel, dans un article enflammé de Mediapart, s'est élevé contre l'initiative « politicienne et récupératrice » du pouvoir, « qui met cet écrivain dans le même sac que Barrès et Maurras », eux-mêmes « carrément d'extrême droite », en organisant un colloque intitulé « Barrès, Péguy, Maurras ». Il a reçu le soutien intellectuel du sénateur Jean-Pierre Sueur, lui aussi fin connaisseur de Péguy, qui a cité « contrairement à d'autres qui ne mentionnent pas leurs sources, la remarquable biographie de Géraldi Leroy publiée en 2014 justifiant le qualificatif d'“inclassable” pour l'écrivain qu'il est indécent de tirer vers l'extrême droite ».

Un colloque à l'Académie française

Barrès et Maurras ont été « immortels », et pas seulement eux : tout au long de son histoire, l'Académie française a été largement ouverte à des penseurs et des acteurs anti-modernes, réactionnaires et d'extrême droite. Il était tout à fait naturel qu'elle accueille ce colloque, qui s'est tenu hier sous la présidence de la philosophe Chantal Delsol, dont le père avait fondé un cercle Charles Péguy. Participaient également d'autres personnalités de la vie intellectuelle et parisienne, et notamment l'écrivain Michel Houellebecq.

Retransmis à la télévision sur la chaîne parlementaire, LCP, le colloque était destiné à un large public. Il s'agissait de montrer que le pouvoir n'est assurément pas hostile à la littérature, ni à la vie des idées.

C'est pourquoi Marion Maréchal-Le Pen a choisi cette occasion pour prononcer son premier grand discours comme ministre de la Culture.

À l'origine de l'idée du colloque, avec un article de la *Revue des deux mondes* intitulé « Le Rhin allemand, de Musset à Barrès, Péguy et Maurras », Alain Finkielkraut n'était pas du nombre des intervenants : il aurait exigé, d'après *Le Canard enchaîné*, un traitement particulier lui laissant le temps de prononcer en ouverture, une conférence d'une durée d'une heure, avant la ministre de la Culture et la présidente du colloque, « en tant que représentant de l'institution sans laquelle cette initiative perdait une bonne partie de son sens » – ce qui ne lui a pas été accordé, tous les participants disposant d'une demi-heure chacun.

Barrès, Péguy, Maurras : le triptyque proposé par les organisateurs du colloque n'est effectivement pas innocent. Il est d'abord un hommage au nationalisme, au christianisme, et à des penseurs qui ont incarné ou inspiré l'extrême droite. Mais il y a plus : tous trois, au-delà de leurs différences, ont écrit dans un contexte où il fallait se positionner face à l'Allemagne. Ils se sont exprimés fortement sur ce registre, développant un nationalisme « post-Sedan » témoignant, jusqu'à 1914, du souci presque obsessionnel de faire la guerre à l'empire allemand pour le dissoudre après la victoire. Au moment où la France tourne le dos à l'Europe et à l'Allemagne qui y joue un rôle central, le colloque tombait à pic.

Le programme de Marion Maréchal-Le Pen

Le discours d'ouverture prononcé par Marion Maréchal-Le Pen était très attendu, et la ministre de la Culture et de l'Identité nationale n'a pas déçu. Élégamment vêtue d'une robe bleu marine, les cheveux tirés à quatre épingles, celle qui était en 2012, à vingt-deux ans, la plus jeune députée de l'histoire de France, et qui avait cosigné en 2013 une proposition de loi sur la reconnaissance du génocide vendéen, a souligné son attachement au « patriotisme culturel », et par exemple à la défense de la chanson française. Cet élément de notre patrimoine national doit bénéficier de mesures encore plus conséquentes que celles déjà adoptées par le pouvoir dans le passé au sujet de ses passages à la radio et à la télévision. Elle a rappelé que la tutelle de l'État sur les chaînes publiques relève de son ministère, et indiqué que dès la rentrée prochaine, de nouvelles grilles et de nouveaux programmes sont prévus, laissant une place importante à des émissions faisant mieux connaître l'histoire et la géographie de la France ; elle a au passage dit « toute [son] admiration pour l'académicien Pierre Nora, qui a eu le courage de mettre à l'honneur nos lieux nationaux de mémoire là où des historiens cosmopolites voudraient dissoudre notre passé dans une vision globale et mondialiste ». Pierre Nora a fait savoir sur le Huffington Post qu'il n'appréciait que « très moyennement » le compliment.

Le budget de la Culture est augmenté de façon significative « alors qu'il avait diminué sous François

Hollande, a souligné la ministre, il représentera 1,5 % des dépenses totales de l'État, contre 1,2 en 2016 », et l'idée est d'encourager la culture « populaire et traditionnelle » et de ne plus « se laisser berner par les créateurs autoproclamés avant-gardistes [...]. S'il faut mener une croisade contre les pseudo-œuvres d'art dont vous ne voudriez pas dans votre jardin, mais devant lesquelles la gauche caviar s'extasie, vous pouvez compter sur moi, y compris pour nettoyer nos musées ».

La langue française est pour elle une préoccupation majeure – et la ministre a souligné ici le « rôle décisif de l'Académie française, à qui elle voudrait simplement suggérer d'accélérer le travail de mise à jour de son dictionnaire ». Elle souhaite renforcer les dispositions de la loi Toubon du 4 août 1994, qui vise à protéger la langue française, et elle entend tout d'abord faire en sorte qu'elle soit réellement appliquée : « La langue de la nation est le français, et il convient de lutter sur deux fronts. En matière internationale, notre combat prioritaire se joue face à l'anglais. Et dans notre pays, nous devons contrer la dégradation linguistique que cause l'immigration. » Elle exigera qu'au sein de l'Union européenne, à la Commission notamment, où le français est une langue officielle, son usage soit systématique, partout où il est prévu théoriquement, alors même que très souvent, la langue de travail est l'anglais – « Dans cet univers bureaucratique et technocratique, cela apportera une lumière culturelle. »

Marion Maréchal-Le Pen veut aussi mettre fin « au mauvais goût et à la dégradation des espaces publics et de nos lieux de mémoire, quand, bien loin de respecter le patrimoine, on lui surimpose de soi-disant œuvres d'art, comme ce vagin qui était supposé mettre en valeur le château de Versailles, à moins que ce soit l'inverse ». Elle a ici dénoncé « les attaques contre l'histoire de France, qui témoignent d'un profond mépris pour les vrais Français, une perversion esthétique ». Et surtout, elle s'est inquiétée de voir comment des immeubles, « parfois hautement symboliques » sont « bradés, vendus à des promoteurs mondialisés, quand ce n'est pas à des États arabes ou à la Chine » ; elle prépare une loi sur la protection du patrimoine national « contre les spéculateurs, les prédateurs et les destructeurs de mémoire ».

Avec ces forts propos de la jeune et talentueuse ministre, le colloque était lancé, et de savantes interventions ont pu souligner l'actualité de la pensée réactionnaire et anti-moderne de Barrès, Maurras et, pour la plupart des conférenciers, de Péguy.

Lundi 4 décembre 2017

Paris sous les eaux

La crue de la Seine, dont le niveau est supérieur à celle, historique, de 1910, n'est pas imputable au pouvoir actuel. Mais son incompétence éclate à la lumière de cet événement dramatique. Paris est livré aux pilleurs, un million de personnes sont déplacées, le coût économique de l'inondation est estimé à des dizaines de milliards, et dans le pays, la colère monte face à l'impéritie du gouvernement.

En 2014, un rapport de l'OCDE avait mis le doigt sur les risques considérables qui pourraient résulter d'une crue exceptionnelle de la Seine à Paris. À l'époque, les experts de l'OCDE avaient déploré l'absence de vision stratégique des autorités publiques françaises, et émis des recommandations en matière notamment de gouvernance, suggérant d'articuler plusieurs niveaux, national, régional, départemental et municipal qui fonctionnent en ordre dispersé. Mais les mesures les plus importantes n'ont pas été prises. Le barrage de la vallée de la Bassée qui devait protéger Paris n'a pas été construit, ce qui prive la capitale d'une retenue décisive en cas de montée rapide des eaux.

Une crue unique dans l'histoire

Les pluies de la fin de l'été 2017, spectaculaires, mais aussi, moins visibles, l'état de charge des nappes phréatiques et la perméabilité des sols avaient inquiété les experts et les responsables techniques, qui avaient attiré à nouveau l'attention des médias et obtenu des réactions rapides de la Mairie de Paris. Mais l'Élysée, tout à ses préoccupations sociales et économiques, avait fait la sourde oreille et négligé de suivre le dossier, et le Premier ministre n'avait pas pris la peine de réunir le comité de coordination qui aurait dû anticiper sur la catastrophe qui se profilait. La pluviométrie était inquiétante depuis plusieurs semaines et l'inévitable est arrivé : Paris est inondé depuis près d'une semaine, les eaux ne cessent de monter, et la situation avoisine le chaos.

Le niveau de la Seine est supérieur de près d'un mètre à celui qu'il avait atteint lors de la crue historique de janvier 1910. Dans un premier temps, ce sont les transports parisiens qui ont été paralysés, en surface, où on ne circule plus, et dans le métro, dont les lignes souterraines sont gorgées d'eau. À ce problème s'est ajouté celui de l'énergie : Paris est pratiquement privé d'électricité. À partir de là, les difficultés se sont accumulées, chacune en entraînant d'autres : pénurie d'eau potable, nombreuses familles privées de toit, ordures ménagères s'accumulant, odeurs épouvantables, hygiène minimale non respectée, ce qui pourrait déboucher sur des épidémies.

Dans ces conditions, beaucoup dépendait de l'efficacité de l'État. Or plusieurs ministères sont sous les eaux, et très tôt, Internet n'a plus fonctionné que par intermittence. Le pouvoir, en demandant au ministère de la Défense de prendre la responsabilité des opérations en liaison étroite avec celui de l'Intérieur, sous-estimait le fait que ses critiques visant les fonctionnaires depuis plusieurs mois les avaient démobilisés, et qu'ils manquent d'ardeur pour agir sous les ordres de militaires qui eux-mêmes n'ont pas été préparés.

Paris, ville sinistrée

Mais le pire n'était pas encore survenu. Car dans ce type de situation, les carences de l'État se soldent vite par des problèmes de maintien de l'ordre. Au troisième jour de l'inondation, déjà, les pillages commençaient, et la police peinait à les empêcher : elle ne pouvait pas elle-même se déplacer facilement et rapidement. Les pilleurs n'ont pas été longtemps embarrassés par les rideaux de fer des magasins, qu'ils ont forcés. Le très grand nombre de familles contraintes de quitter leur logement a suscité une autre variante de pillage, organisée, consistant à pénétrer dans des appartements abandonnés par leurs occupants. Du coup, certains Parisiens se sont organisés en milice privée pour défendre leurs biens, et les armes à feu ont fait leur apparition. On a recensé trois morts, des pilleurs, venus des quartiers nord de la capitale. Le désordre et la panique n'ont alors cessé de progresser, tandis que l'armée, venue renforcer une police débordée et impuissante, tentait de faire régner le calme, et d'arrêter les bandes de pilleurs, dont on a découvert qu'elles étaient elles-mêmes armées.

Paris est aujourd'hui une ville sinistrée. Elle n'a plus d'éclairage nocturne, on n'y circule pratiquement pas, sauf à disposer d'une embarcation et, si elle est à moteur, d'essence, presque introuvable. Le danger rôde partout, y compris dans les bâtiments officiels, voire les ambassades, désertés par leurs occupants, mal gardés par l'armée, et souvent squattés en étage par des habitants venus d'on ne sait où.

Un pouvoir incompétent

Dans ce contexte, le pouvoir donne l'image au mieux de l'improvisation et de l'amateurisme, et plutôt du sauve-qui-peut. La présidence a été transférée à Versailles, où un QG a été installé, avec une cellule de crise pilotée par des militaires – celle qui avait été installée dans un premier temps dans l'île de la Cité à Paris a dû être déplacée avec la poursuite de la montée des eaux. Le déplacement privé d'une journée que la présidente vient de s'octroyer pour une visite des Lieux saints à Jérusalem est mal passé dans l'opinion, qui aurait préféré la savoir constamment sur le pont, en première ligne. Les explications du Premier ministre, Florian Philippot, imputant aux gouvernements précédents l'impréparation des temps présents sont perçues comme une façon de ne pas assumer ses responsabilités. Les mouvements de menton du ministre de la Défense, Nicolas Dupont-Aignan, interpellé à l'Assemblée nationale, elle-même délocalisée dans des casernes de Satory, ont agacé de nombreux parlementaires, y compris dans son propre camp. Ils constatent en effet que les injonctions lancées à l'armée ne suffisent pas à rétablir la situation, et que les beaux discours sur les valeurs républicaines et nationales sont sans effet. Ils observent aussi que la cellule de crise n'est pas en mesure de communiquer convenablement avec les acteurs sur le terrain, et encore moins avec la population.

La colère gronde, et pas seulement en région parisienne, et l'espoir d'une décrue, annoncée pour dans une semaine, ne suffit pas à calmer les Français. Les mêmes qui ont voté pour le pouvoir en place protestent, ils attendaient autre chose qu'une telle incapacité à affronter les intempéries. Ils ignorent tout des mesures que pourra prendre le gouvernement pour aider ceux qui ont beaucoup, voire tout perdu, qui vivent au jour le jour dans des conditions souvent indécentes sans l'espoir de retourner rapidement chez eux, tandis que leurs enfants, déscolarisés par la force des choses, et livrés fréquemment à eux-mêmes traînent, désœuvrés, dans leurs nouveaux quartiers d'habitat. Des chiffres impressionnants circulent : un million de personnes déplacées, et six fois plus impactées, des œuvres d'art détruites ou détériorées, notamment celles stockées dans les réserves de musées, pour une valeur estimée dans les médias à vingt milliards d'euros – une estimation récusée par des experts qui préfèrent parler de « pertes inestimables » –, des archives historiques mais aussi administratives perdues. Le chômage forcé concerne quelque deux millions de personnes dont l'entreprise ou l'administration est fermée.

Ceux qui ont moins perdu, rien d'autre qu'une voiture noyée dans un parking souterrain par exemple, ne s'impatientent pas moins, et le pays tout entier est furieux du chaos généralisé qu'entraîne l'inondation.

Le chaos gagne le pays, la colère monte

Internet, en effet, ne fonctionne que par à-coups, avec de longues interruptions sur tout le territoire national, ce qui suscite des interrogations soupçonneuses : la France ne serait-elle pas, dans ce contexte de chaos, victime d'attaques ou de tentatives de piratage ? Le pays n'ayant plus confiance dans ses élites politiques, et la communication tenant de plus en plus lieu d'information, ce dont les Français ne sont plus dupes, le « complotisme » gagne chaque jour du terrain sur les réseaux sociaux – quand ils ne sont pas totalement mis hors d'état – et les hypothèses les plus invraisemblables acquièrent force de vérité : le Qatar serait derrière l'inondation, pour pouvoir acheter le patrimoine immobilier parisien à bas prix, l'Allemagne se vengerait de l'attitude française sur l'Europe, les Juifs auraient tout fomenté pour punir la ville de Paris, dont les édiles ne seraient pas assez favorables au tournant pro-israélien du gouvernement, etc.

Rien ne fonctionne normalement, l'économie est dans un état lamentable, on parle d'un coût atteignant plusieurs dizaines de milliards d'euros.

Les catastrophes naturelles sont toujours également des phénomènes humains et sociaux : elles n'ont pas été anticipées, on a préféré oublier les antécédents historiques, les mesures qui auraient permis de mieux gérer la crise n'ont pas été prises, ou dans le mauvais tempo. Et comme l'ont montré plusieurs recherches en sciences sociales, il valait mieux être riche et blanc plutôt que pauvre et noir, en août 2005, à La Nouvelle-Orléans, pour affronter le cyclone Katrina. Il serait injuste de dire de la présidente qu'elle est responsable de l'inondation de Paris, mais à l'évidence, elle n'était pas préparée à l'affronter, et l'équipe gouvernementale pas davantage. Personne ne pavoise dans l'opposition, certes, car les pouvoirs précédents auraient dû prendre des mesures préventives. Mais on sent bien que le dérèglement climatique n'est pas seul en cause – le climat politique aussi se transforme aujourd'hui en France, et les dégâts des eaux l'ont affecté directement, et en profondeur. Tout est liquide, prétend le sociologue Zygmunt Bauman, l'amour comme la vie sociale : avec Paris sous les eaux, la situation territoriale et politique en France l'est aussi.

Jeudi 14 décembre 2017

Le pouvoir confronté à la violence

S'ajoutant à la crise économique et sociale, le chaos causé par l'inondation de Paris exerce un impact direct sur le Front national et sur le pouvoir. Deux lignes semblent désormais s'opposer. L'une, raidie, prône la mise en œuvre des mesures les plus radicales prévues par le programme électoral de Marine Le Pen et du FN ; l'autre, au contraire, suggère une ouverture à gauche, vers des secteurs relevant de la droite classique.

La crue de la Seine coûtera selon les experts de l'OCDE environ cent milliards d'euros, sans compter les pertes inestimables en matière patrimoniale. Un rapport de près de trois cents pages, rédigé en deux semaines de sa propre initiative par un auteur ayant fait le choix de l'anonymat « pour ne pas embarrasser [ses] amis de divers milieux politiques et économiques » a été transmis par son éditeur à l'Élysée, proposant rien moins que « 365 mesures pour sortir en un an du chaos » – tel est le titre de l'ouvrage publié en un temps record, sur la base, dit l'introduction, « d'une consultation internationale ayant mobilisé par voie électronique plus de deux cents experts de haut niveau ». Florida University Press, un éditeur scientifique américain, vient d'annoncer poursuivre en justice la maison d'édition française pour « plagiat massif du livre *One Hundred Remedies after Katrina* » qu'une équipe pluridisciplinaire d'universitaires avait écrit après la catastrophe causée par le passage dévastateur du cyclone Katrina sur La Nouvelle-Orléans en 2005. Jacques Attali d'un côté, Alain Minc d'un autre, soupçonnés chacun par les médias d'être l'auteur du rapport ont tous deux apporté un démenti énergique. De toute façon, on est bien loin de pouvoir envisager d'appliquer ne serait-ce que quelques-unes de ces recommandations.

Radicalisation et violence ou ouverture politique ?

La gestion calamiteuse de l'inondation de Paris par le gouvernement, combinée à l'approfondissement impressionnant de la crise économique et financière, a fortement contribué, ces dernières semaines, à une mise en cause de la légitimité d'un pouvoir qui avait promis de faire mieux que ses prédécesseurs et qui laisse le pays s'enfoncer dans le chaos. Conséquence de cet affaiblissement : une tension sans cesse plus aiguë met aux prises, en son sein, les tenants de deux orientations qui s'affrontent. D'un côté, les partisans d'une ligne idéologiquement dure se radicalisent. Et d'un autre côté, ceux qui défendent une politique d'apaisement susceptible de calmer les inquiétudes de membres sans cesse plus nombreux de la coalition gouvernementale semblent espérer rallier au pouvoir des éléments politiquement situés dans la droite classique – « L'espoir fait vivre », a ironisé le député-maire de Bordeaux, Alain Juppé, interrogé par *Sud-Ouest* à propos de cette hypothèse. L'attitude de ces modérés pourrait avoir une autre signification, elle pourrait annoncer le retour au bercail de ceux qui ont quitté Les Républicains quelques mois plus tôt pour rejoindre Marine Le Pen.

Les tensions étaient également perceptibles depuis plusieurs semaines au niveau des comités Bleu-Blanc-Rouge, elles ont revêtu un tour dramatique après qu'on eut pris connaissance des terribles violences de la nuit de samedi dernier.

En quelques heures, en effet, au cours de cette nuit, une douzaine de mosquées ont été littéralement attaquées, de façon à l'évidence synchronisée, par des groupes armés, à Garches et Saint-Denis en banlieue parisienne, à Rillieux-la-Pape en banlieue lyonnaise, dans les quartiers nord de Marseille, et dans plusieurs petites villes du Sud-Est et de l'Est. Les assaillants ont forcé les portes des lieux de culte, les ont arrosés de pétrole à l'intérieur et en façade, et les ont incendiés, laissant derrière eux des tracts au contenu éloquent, anti-musulmans, anti-Arabes, et ardemment nationalistes.

Presque simultanément, et là encore de façon vraisemblablement concertée, de véritables commandos se sont livrés à des ratonnades dans les rues de plusieurs quartiers populaires, dévoilant de force femmes et filles voilées, violant à plusieurs reprises certaines d'entre elles après les avoir entraînées dans des caves, collectivement, selon le principe des « tournantes », agressant physiquement, au faciès, des jeunes gens isolés et laissant finalement pour morts quatre hommes, deux à Évry, un à Nîmes et un très jeune garçon à Orange, ainsi qu'une bonne quinzaine de blessés graves.

Aucune organisation n'a revendiqué ces crimes, qui tombaient particulièrement mal pour la présidente et son parti.

Des comités BBR saccagés

Des violences anti-musulmanes étaient survenues au lendemain des élections présidentielles puis législatives sans susciter de répliques, et l'indignation avait plutôt cédé la place à la tristesse et à la peur parmi les populations issues de l'immigration. Mais il n'en a pas été de même cette fois-ci. Au petit matin, en effet, les sièges des comités BBR de plusieurs des villes où des mosquées avaient été incendiées ont été à leur tour pris d'assaut, vidés de leur mobilier, leurs murs ont été tagués, et des rafales d'armes lourdes, tirées en l'absence d'occupants à l'intérieur des locaux en direction des plafonds, ont adressé un message clair, signifiant qu'un degré avait été franchi : si prochaine fois il y a, ce sera encore plus violent, et meurtrier.

Un communiqué de l'Élysée a démarqué nettement la présidente et le FN des incendies de mosquée, et dénoncé vigoureusement les saccages dont ont été victimes les comités BBR. Ces derniers n'ont vraisemblablement pas directement organisé les violences racistes, qui proviennent semble-t-il d'éléments extérieurs. Mais les réunions qu'ils ont tenues dimanche et lundi dans toutes les localités où ils sont implantés indiquent nettement qu'une majorité de leurs membres comprend et juge inévitable le déchaînement de la haine de l'islam, y compris lorsqu'elle revêt un caractère mortel. Du coup, les éléments les plus modérés se retirent de ces comités, sans esclandre. Ils ne reviendront plus aux réunions, ils ne participeront plus aux efforts militants pour soutenir l'action du pouvoir – ils sont effarés du tour que prend la situation, ils ne sont en aucune façon des partisans de la violence.

Dans ces conditions, ceux qui restent, les plus radicalisés, se retrouvent relativement embarrassés, car identifiés à des conduites qu'ils n'ont pas préparées personnellement et qu'ils peuvent prétendre comprendre mais assurément pas assumer publiquement. Eux aussi, s'ils veulent persister dans leur logique, vont être conduits à abandonner leurs comités, car il n'est pas réaliste de soutenir, voire de prôner l'action armée tout en militant dans une structure légale et ouverte.

Ce qui se passe à petite échelle et dans l'univers particulier que sont les comités BBR est révélateur de ce qui se joue au sein du FN, et, au-delà, dans la partie de l'opinion qui avait voté pour Marine Le Pen. L'échec du pouvoir chaque jour plus patent démobilise ceux qui y avaient cru et avaient fait confiance au jeu démocratique d'abord pour protester contre les pouvoirs antérieurs, ensuite pour soutenir le nouveau régime, ne serait-ce qu'en accordant une majorité à la présidente. Et ceux qui continuent à croire qu'il faut pousser plus avant l'aventure, faute de soutien populaire massif, ou de capacité d'obtenir un traitement politique de leurs aspirations, se radicalisent. Un espace s'est ouvert, à l'extrême droite, pour une activité clandestine que certains acceptent, et qui débouche sur une violence dont on ne sait pas très bien si elle est instrumentale – redonner vitalité au projet du FN – ou expressive – dire activement la haine des immigrés, des musulmans et des Arabes.

En 2015, après les tueries des 7 et 9 janvier à Paris, puis après celles du 13 novembre, le gouvernement socialiste avait engagé une action résolue contre la radicalisation islamiste. Il pouvait le faire avec un soutien, ou en tout cas une compréhension largement partagée dans le pays. Cette fois-ci, la situation est paradoxale, car la radicalisation affecte le camp du pouvoir, et le mine de l'intérieur, même si ce n'est pas lui qui l'organise concrètement. Il lui faut la combattre, s'il veut rester légitime, tout en s'en accommodant, car elle en est un élément constitutif.

Mardi 19 décembre 2017

Les scientifiques se rebiffent

En annonçant des mesures destinées à encadrer la recherche biologique et médicale, et en s'en prenant aux sciences humaines et sociales, le gouvernement vient de se mettre à dos les communautés scientifiques. Une mobilisation impressionnante souligne la distance qui sépare l'idéologie parvenue aux affaires, et la réalité de la recherche. En fait, la radicalisation qui l'emporte parmi les dirigeants du pays témoigne de la faiblesse du pouvoir, qui se coupe aussi de la partie de la presse qui pouvait faire jusque-là preuve de compréhension à son égard.

Lors de sa campagne présidentielle, Marine Le Pen avait témoigné d'un profond respect et d'une grande admiration pour la science et la médecine françaises, promettant de les soutenir et rappelant que la France « avait une place à tenir, au premier rang des nations, souvenons-nous de Pasteur, qui avait su non seulement inventer, mais aussi travailler en relation directe pour le peuple, avec le peuple, sans jamais s'isoler dans une tour d'ivoire ! ».

Mais elle avait aussi donné des gages à l'importante partie de son électorat qui avait manifesté en 2013 contre le « mariage pour tous ». Elle ne reviendra pas sur le mariage pour les homosexuels, qu'elle a entériné personnellement malgré de vives tensions au sein de son parti, et de ce point de vue, elle est culturellement moderne. En revanche, elle a à cœur de « mettre de l'ordre dans tout ce qui touche à la procréation ».

Limiter la recherche médicale et biologique

Sur ces questions médicales et scientifiques, le ministre de la Santé et celui de l'Enseignement supérieur et de la Recherche donnaient hier conjointement une conférence de presse rue de Ségur à Paris. Brice Hortefeux, en grande forme, a commencé par interpeller bruyamment et familièrement une journaliste du *Monde* par son prénom, en lui rappelant devant ses confrères que du temps où il était ministre de l'Intérieur, déjà, il lui était arrivé de lui accorder un traitement privilégié. Il a ensuite accueilli l'ensemble des journalistes, puis Gaëtan Dussausaye et lui-même ont présenté leur politique à venir.

Les propositions du ministre de la Santé n'auraient justifié ni enthousiasme ni critiques sévères si elles n'avaient pas inclus des mesures destinées à contrôler et encadrer bien plus que par le passé la recherche biologique et médicale, et tout particulièrement celle qui touche à la procréation. Les biologistes et les chercheurs en médecine ont donc appris qu'il ne leur sera plus possible à l'avenir de pratiquer la fécondation *in vitro*, de stocker des embryons, des spermatozoïdes, des gamètes, de travailler sur les cellules souches humaines, etc. Il est temps, a expliqué le ministre en réponse à une question de la directrice de *Sciences et Avenir*, Dominique Leglu, effarée de ce qu'elle entendait, « de retrouver les valeurs fondamentales qui fondent notre civilisation aux racines judéo-chrétiennes, de respecter la nature, de cesser de fabriquer des êtres humains qui ne sauront pas d'où ils viennent, sinon de congélateurs. Il est criminel de congeler des embryons, puis de les décongeler pour les charcuter ». Le ministre n'était à l'évidence pas tout à fait au courant de ce que fait la recherche dans ce domaine, de ses règles déontologiques, du type de travaux qu'elle conduit exactement, mais il savait très bien où il allait : vers l'interdiction de développer la science sur ce qui touche à la vie humaine, alors que la France occupe déjà une place médiocre sur ces enjeux – la dix-septième au monde, avait indiqué en 2013 Geneviève Fioraso, alors ministre de l'Enseignement supérieur et de la Recherche ; vers l'interdiction, tout aussi bien, d'avoir recours à des procédés qui ont permis, depuis trente-cinq ans, de donner la vie à des dizaines de milliers de personnes.

Interdiction des sciences humaines et sociales

Le deuxième choc de la matinée a été le fait du ministre de l'Enseignement supérieur et de la Recherche. Là encore, au départ, son programme ne présentait rien de très surprenant. Compte tenu du climat qui règne dans les universités, ce n'était pas le moment d'annoncer une quelconque réforme. Mais Gaëtan Dussausaye, qu'inspiraient à l'évidence ses lectures, à commencer par des articles et ouvrages d'Éric Zemmour, s'en est pris sans concession aux sciences sociales, des disciplines pour l'essentiel « inutiles et fallacieuses ». S'il pense qu'il faut maintenir « un peu de sciences politiques, et notamment en matière électorale », il ne lui semble par contre pas nécessaire de continuer à financer des milliers d'enseignants et de chercheurs qui, a-t-il martelé, « nous expliquent tout le bien qu'il y a à attendre du multiculturalisme, qui se vautrent aux pieds de l'islamisme ou qui veulent remplacer les humanités par ce qu'ils appellent des "sciences sociales" – où est la science dans tout cela ? ». D'ailleurs, en ce qui concerne Sciences Po, où contrairement aux reportages à scandale parus dans certains journaux en 2015, le FN n'est pas réellement implanté, il a clairement fait connaître son projet de mettre au pas l'institution de la rue Saint-Guillaume. Un nouveau directeur sera nommé – le nom de Patrick Buisson est avancé par l'entourage du ministre, car il faut « un historien compétent qui sait ce que sont la politique et les médias ». Il sera mis fin à l'expérience du recrutement d'une partie des élèves en ZEP (zones d'éducation prioritaires) – « Il faut en finir avec la discrimination positive qui sert en réalité à favoriser les immigrés au détriment des Français. »

La charge, là aussi, était bien peu au courant de ce que font les disciplines des sciences sociales et politiques, mais elle avait un objectif précis : justifier des suppressions de crédits et de postes « qui seront bien mieux affectés à d'autres domaines ». Comme pour calmer le jeu, le ministre a précisé que « l'histoire demeure une ardente obligation, à condition qu'elle cesse de se fourvoyer en se prétendant globale et non plus nationale, ou pluridisciplinaire, comme si la sociologie ou l'anthropologie pouvaient l'enrichir, alors qu'au contraire elles lui font perdre son élan et sa portée ». Consterné, Jean-François Dortier, le directeur de la revue *Sciences humaines*, a demandé des précisions sur le sort des institutions d'enseignement supérieur et de recherche concernées par ces propos. L'on a alors appris que l'École des hautes études en sciences sociales, l'EHESS, dont une source légitime de fierté est son attachement à la pluridisciplinarité, serait réduite à ses seuls historiens, et uniquement dans la mesure où ils accepteraient de signer une charte fixant le cadre de leurs travaux et de leurs enseignements. De même, « le département [*sic*] de sciences humaines et sociales du CNRS est prié d'en finir avec une soi-disant internationalisation de la recherche qui nous met à la botte de l'étranger ». Les universités devraient fermer leurs départements de sociologie et d'anthropologie. Jean-François Dortier, commentant brièvement ces précisions, a évoqué la haute figure de l'historien Fernand Braudel, le penseur de la longue durée et de l'économie-monde et à ce titre le précurseur du « penser global », le pionnier de la rencontre des disciplines qui « doit se retourner dans sa tombe ».

La mobilisation des scientifiques et le léger recul du gouvernement

Les déclarations des deux ministres avaient-elles été préparées pour déclencher de vives réactions, s'agissait-il d'une provocation ? Étaient-elles calculées, pour renouer sur un mode populiste avec un électorat en mal de gratifications anti-élitistes et anti-intellectuelles ? Toujours est-il que les réactions ont été rapides, et d'une ampleur impressionnante du côté des chercheurs en sciences « dures » et en médecine qui se sont mobilisés, publiant en pleine page du *Figaro*, de *La Croix*, de *Libération* et de la plupart des titres de la presse quotidienne un appel signé de tous les Prix Nobel français vivants, de responsables de comités d'éthique et de centaines de scientifiques et de médecins.

Cet appel – qui n'a pas paru dans *Le Monde* car ce titre exigeait l'exclusivité puis, battant légèrement en retraite, la primeur de sa publication – est un véritable manifeste qui fera date. Il explique que la grandeur de la France a toujours été de promouvoir une recherche libre et responsable, une recherche qui ne s'est jamais affranchie des règles éthiques, même les plus exigeantes, y compris en tenant compte des demandes formulées par les représentants des cultes catholique, protestant, juif et musulman. Il dessine l'avenir si le gouvernement ne modifie pas sa feuille de route : la production et, souvent, l'application des connaissances scientifiques se feront ailleurs, les meilleurs chercheurs et médecins iront à l'étranger, l'accès au progrès sera confié au marché international. Le texte est précis, illustré d'exemples parlants, et sur les réseaux sociaux, il a à ce jour récolté plus de vingt mille signatures. Le porte-parole du gouvernement a esquissé un recul ce matin à la sortie du Conseil des ministres, déplorant que « des propos correspondant simplement à une phase de la réflexion en cours aient été mal interprétés par les médias » et renouvelant la confiance de la présidente à l'égard de la science.

Plus lentement, une autre mobilisation s'est mise en place du côté des sciences sociales. Là aussi, une pétition circule, signée des plus grands noms de ces disciplines, français et étrangers, dénonçant les tendances à l'obscurantisme et au refus de la réflexivité, « comme si une société pouvait se passer de réfléchir sur elle-même et sur le monde en s'appuyant sur des connaissances éprouvées, obtenues par des méthodes rigoureuses, comme si aussi il fallait en finir avec toute critique ». Le texte a été rédigé avec une certaine prudence, tenant compte de la diversité des orientations intellectuelles qui caractérisent les sciences sociales. Il illustre sa défense de ces disciplines, par exemple en évoquant les recherches sur la radicalisation, la déradicalisation et la sortie de la violence qui avaient apporté en 2016 des connaissances décisives pour l'action publique face à l'islamisme radical et au terrorisme. Des milliers de signatures ont été recueillies *via* les réseaux sociaux.

Les animateurs de ces deux mobilisations se sont rencontrés hier, et ont décidé d'articuler leur action. Ils annoncent un grand meeting commun après les fêtes, « réponse constructive au gouvernement et aux intellectuels réactionnaires qui l'inspirent, appel à la population pour qu'elle retrouve le chemin de la raison et du progrès, sans s'en laisser conter par la démagogie, le mensonge et la toute-puissance de la "com" ».

Pour le gouvernement, la réaction est très supérieure à ce qu'il avait semblé anticiper. Il est clair qu'il vient de perdre une bataille qu'il aurait mieux fait de ne pas engager, se coupant sans appui dans les milieux concernés des forces vives de la recherche qu'il s'agisse, comme a dit en plaisantant un Prix Nobel, des sciences « humaines » ou des sciences « inhumaines », « dures », ces dernières étant en fait à la pointe de la mobilisation. Les secteurs de la presse qui faisaient preuve de compréhension à l'égard du pouvoir basculent de plus en plus vers une opposition raisonnable, de droite classique, c'est très net au *Figaro.* Et par ailleurs un climat tendu règne au sein de la rédaction de l'hebdomadaire *Marianne*, qui sans jamais le moins du monde soutenir le FN, fut tout au long des dernières années un lieu où la réaction intellectuelle a parfois trouvé une certaine place au nom de valeurs souverainistes ou républicaines, ces dernières de plus en plus abstraites. Les chiffres de vente du titre sont en baisse et l'éditorialiste Jacques Julliard, qui avait quitté *Le Nouvel Observateur* pour rejoindre *Marianne* il y a dix ans, vient d'annoncer son départ du magazine fondé par Jean-François Kahn. Il est chargé par le groupe *Le Monde* de la relance du mensuel *Le Monde des débats*, un journal d'idées et de débats qui devrait jouer un rôle central dans la vie intellectuelle en France.

Samedi 23 décembre 2017

La fin de la coalition gouvernementale

Les ministres de République-Nation ont fait savoir leur désaccord avec le cours actuel de la politique. La coalition gouvernementale a pris fin, et le Premier ministre a remis la démission de son gouvernement à la présidente de la République, qui l'a acceptée. Les Républicains, le parti de Nicolas Sarkozy, salue le retour au bercail de ceux qui l'avaient quitté pour gouverner avec Marine Le Pen. Une crise politique et institutionnelle majeure se profile, et rien ne dit que les prochaines élections législatives permettront de la dénouer.

Le gouvernement de Florian Philippot n'aura pas vécu plus de six mois. Le Premier ministre a remis hier sa démission à la présidente de la République après qu'a été annoncé le départ en bloc des six ministres de République-Nation. Ces informations n'ont pas surpris, tant la situation était devenue intenable au sommet de l'État.

Le pouvoir en crise, la violence rôde

Non préparé, sans expérience de la conduite des affaires, le pouvoir a mené durant toute cette période une politique incohérente, faite de gestes de rupture et de provocations extrémistes d'un côté, et de tentatives de se présenter comme responsable d'un autre côté. Prisonnier d'une idéologie populiste le poussant à flatter sa base par des annonces démagogiques, il a braqué contre lui une grande partie des forces vives de la nation, y compris ceux qui, en leur sein, même sans trop y croire, voulaient finalement jouer le jeu démocratique et laisser Marine Le Pen tenter de mettre en place des mesures qui permettraient peut-être au pays de remonter la pente après les échecs de la gauche et de la droite classique. Fonctionnaires, dirigeants économiques, salariés, étudiants, chercheurs, enseignants et bien d'autres sont déçus, parfois braqués, y compris là où régnait une sorte de dépolitisation qui laissait les coudées franches au pouvoir. Isolé diplomatiquement en Europe et par rapport aux États-Unis, le pays doit compter avec une économie ravagée.

La violence rôde un peu partout, et le risque d'une radicalisation putschiste n'est pas entièrement à exclure. *Le Canard enchaîné* et Mediapart, sur la base d'informations concordantes, indiquent que des militaires haut gradés ont été approchés discrètement par le ministre de la Défense, Nicolas Dupont-Aignan, pour savoir s'ils accepteraient de mettre en œuvre des mesures d'exception permettant au pouvoir de se maintenir en cas de crise généralisée. La réponse a été claire, l'armée est profondément attachée à la République et à la nation, et n'interviendra que pour en faire respecter les valeurs – une formulation qui en d'autres temps aurait comblé d'aise le ministre. Ces révélations n'ont évidemment pas fait l'affaire du gouvernement, qu'elles décrédibilisent encore plus.

Coup de grâce : le quotidien *Libération* a ce matin publié une information, reprise ensuite massivement par les réseaux sociaux, selon laquelle le fils d'un ministre FN (qui n'est pas nommé), lui-même responsable local du parti, vient d'être mis en examen pour « détention, enregistrement et diffusion d'images à caractère pédopornographique ». L'article, cruel, retrace d'autres affaires de pédophilie et de pornographie ayant impliqué des militants et responsables FN depuis 2010.

L'explosion de la coalition gouvernementale et ses implications

C'est dans ce contexte que la coalition gouvernementale a explosé, après un Conseil des ministres houleux. Les ministres de République-Nation ont démissionné, en même temps que leur parti prévenait qu'il ne soutiendrait plus le gouvernement. Nicolas Sarkozy, en leader du parti Les Républicains, a fait savoir qu'après une réflexion conjointe, son parti « est heureux d'annoncer le retour au bercail des membres qui en étaient partis pour fonder une autre formation », et effectivement, le parti République-Nation a confirmé sa fusion avec Les Républicains, au sein duquel en fait il est appelé à se dissoudre rapidement.

Le calendrier politique pour les semaines à venir est clair, du moins s'il s'agit d'indiquer les dates des prochaines échéances : l'Assemblée nationale votera la défiance lors d'une motion de censure déposée par la droite classique réconciliée, à l'exception de Debout la France ; elle sera dissoute, et de nouvelles élections législatives auront lieu.

Mais quel sera l'état des forces politiques en présence ? Le Rassemblement Bleu Marine, réduit pour l'essentiel au FN et à ce qui reste de Debout la France, où des départs sont annoncés, ne peut plus se targuer de pouvoir mieux faire que les autres formations politiques, il s'est effondré, et on le voit mal remonter la pente. La droite classique devra digérer les fractures qu'elle ne peut pas dissimuler, entre ceux qui ont maintenu une posture d'opposition, et ceux qui ont choisi de suivre Marine Le Pen. Parmi ces derniers, un raisonnement étonnant est servi par une communication fort active. Ainsi, explique Brice Hortefeux « il fallait donner sa chance à cette malheureuse expérience pour crever une bonne fois cet abcès qui est l'invention de François Mitterrand et de la gauche socialiste ».

Et la gauche, justement ? Sonnée par un effondrement qu'elle a laissé se profiler durant les années Hollande, elle est bien incapable d'opérer un redressement significatif. Elle n'a ni leadership, ni projet, ni vision d'avenir, et les tensions en son sein sont devenues béances et psychodrames.

Un paysage politique plus que jamais sinistré

C'est l'ensemble du paysage politique de la France qui sort lui aussi affaibli de ces six mois d'un pays dirigé par Marine Le Pen avec une partie de la droite classique. La crise proprement politique, qui avait abouti à un changement de régime, n'est pas encore terminée, elle ne le sera qu'avec un clair renouveau du système des partis, et de chacun d'entre eux, avec l'émergence de nouvelles figures, de nouvelles façons de faire de la politique, de nouvelles convictions adossées à de nouvelles façons de penser. En attendant, une inconnue supplémentaire subsiste : Marine Le Pen prendra-t-elle acte de son échec, abandonnera-t-elle le pouvoir ? Envisage-t-elle plutôt, comme elle en a la possibilité, de se maintenir à la tête du pays, avec alors une cohabitation qu'il lui faudra gérer, sans qu'on sache pour l'instant de quoi sera faite la majorité parlementaire ?

Ce qui interdit d'apporter la moindre note positive pour qui observe la France : la crise de ce pays est totale, financière, économique, politique, géopolitique, morale, intellectuelle – encore que la mobilisation des scientifiques pourrait mener à nuancer ce point précis. Aucun champ n'échappe réellement à la crise, pas même celui des institutions, contrairement à ce que pensent quelques observateurs de la vie française faisant preuve d'un optimisme invétéré. Certes, les Français n'ont pas basculé vers la guerre civile ou l'émeute généralisée, l'institution présidentielle n'a pas été mise en cause, et pas davantage le fonctionnement du Parlement. La justice, l'armée, la police n'ont pas dévissé. Mais la séparation des pouvoirs a été de moins en moins respectée, tandis que l'autoritarisme gagnait du terrain. Avant d'être une société dotée d'un système de représentation politique, la France demeure un État, avec ses institutions. Mais si celles-ci n'ont pas failli, elles ont aussi eu leur part dans les difficultés du pays, qu'il s'agisse du statut et du pouvoir du président, de son mode d'élection, de l'incapacité à répondre à l'abstention et à la montée des extrêmes, des blocages du système des partis ou bien encore des difficultés à introduire de la délibération et de la participation dans le jeu démocratique. Une crise généralisée entraîne la France toujours plus vers le bas, et pour y remédier, une idée trouve une nouvelle jeunesse et fait son chemin dans différents milieux intellectuels et politiques : ne faut-il pas inventer une nouvelle République, la sixième ?

Note du traducteur

En liaison étroite avec l'auteur, qui m'a consulté pour la sélection des articles qui composent le présent ouvrage, j'ai supprimé quelques redites, ainsi que des explications destinées à un public américain, mais qui n'étaient pas utiles pour les lecteurs français, et qui alourdissaient le texte. Pour permettre une lecture fluide et agréable, je n'ai pas eu recours au procédé qui consiste à mettre en italique suivi d'un astérisque les expressions qui étaient en français dans les articles que j'ai traduits. Je remercie Ileana Epsztajn qui m'a apporté une aide considérable chaque fois qu'il fallait préciser une observation factuelle ou une information, ou pour retrouver les propos originaux, en français, des nombreuses citations du livre.

Table

Composition et mise en pages
Nord Compo à Villeneuve-d'Ascq

Imprimé en France par CPI
en février 2016

Dépôt légal : mars 2016
N° d'édition : 55203/01
N° d'impression : 133209